Ilse Seibold

Der Weg zur Biogeologie

Johannes Walther (1860–1937)

Ein Forscherleben
im Wandel der deutschen Universität

Mit 33 Abbildungen

Springer-Verlag
Berlin Heidelberg New York
London Paris Tokyo
Hong Kong Barcelona
Budapest

Dr. ILSE SEIBOLD
Richard-Wagner-Straße 56
W-7800 Freiburg

Titelbild: Kalligramma haeckeli, das größte im oberen Jura von Solenhofen gefundene und von Walther 1904 beschriebene Insekt; Rekonstruktion von Handlirsch; Porträt Walther 1925.

ISBN-13:978-3-642-93519-0

CIP-Titelaufnahem der DeutschenBibliothek
Seibold; Ilse: Der Weg zur Biogeologie: Johannes Walther (1860–1937); ein Forscherleben im Wandel der deutschen Universität / Ilse Seibold. – Berlin; Heidelberg; NewYork; London; Paris; Tokyo; Hong Kong; Barcelona; Budapest : Springer, 1992
ISBN-13:978-3-642-93519-0   e-ISBN-13:978-3-642-93518-3
DOI: 10.1007/978-3-642-93518-3

Dieses Werk ist urheberrechtlich geschützt. Die dadurch begründeten Rechte, insbesondere die der Übersetzung, des Nachdrucks, des Vortrags, der Entnahme von Abbildungen und Tabellen, der Funksendung, der Mikroverfilmung oder der Vervielfältigung auf anderen Wegen und der Speicherung in Datenverarbeitungsanlagen, bleiben, auch bei nur auszugsweiser Verwertung, vorbehalten. Eine Vervielfältigung dieses Werkes oder von Teilen dieses Werkes ist auch im Einzelfall nur in den Grenzen der gesetzlichen Bestimmungen des Urheberrechtsgesetzes der Bundesrepublik Deutschland vom 9. September 1965 in der jeweils geltenden Fassund zulässig. Sie ist grundsätzlich vergütungspflichtig. Zuwiderhandlungen unterliegen den Strafbestimmungen des Urheberrechtsgesetzes.

© Springer-Verlag Berlin Heidelberg 1992
Softcover reprint of the hardcover 1st edition 1992

Die Widergabe von Gebrauchsnamen, Warenbezeichnungen usw. in diesem Werk berechtigt auch ohne besondere Kennzeichnung nich zu der Annahme, daß solche Namen im Sinn der Warenzeichen- und Markenschutzgesetzgebung als frei zu betrachten wären und daher von jedermann benutzt werden dürften.

Produkthaftung: Für Angaben über Dosierungsanweisungen und Applikationsformen kann vom Verlag keine Gewähr übernommen werden. Derartige Angaben müssen vom jeweiligen Anwender im Einzelfall anhand anderer Literaturstellen auf ihre Richtigkeit überprüft werden.

Satz: Datenkonvertierung druch Springer-Verlag
32/3145-5 4 3 2 1 0 – Gedruckt auf säurefreiem Papier

Dank

Den vielen Freunden, Kollegen und Mitarbeitern der Archive und Bibliotheken, die bei der Quellensuche und durch mannigfachen Rat behilflich waren, sei an dieser Stelle herzlich gedankt.

Dr. Wolfgang Assmann, Köln; Prof. Dr. Daniel Bernoulli, Zürich; Prof. Dr. Heinz Bethge, Halle; Prof. Dr. Karl Dietrich Bracher, Bonn; Prof. Dr. David Branaghan, Sydney; Prof. Dr. Karl Brunnacker, Dietesheim; Prof. Dr. Werner Buggisch, Erlangen; Frau Sigrun Carl, Freiburg; Prof. Dr. Sven Dijkgraaf, Utrecht; Prof. Dr. Heinrich K. Erben, Bonn; Prof. Dr. Christoph Exner, Wien; Dr. Neville Exon, Canberra; Prof. Dr. Erik Flügel, Erlangen; Prof. Dr. Gerald M. Friedmann, New York; Prof. Dr. Ekke W. Guenther, Ehrenkirchen; Dr. Rudolf Hermann, Hannover; Prof. Dr. Otto Hittmair, Wien; Prof. Dr. Jörg Keller, Freiburg; Frau Dr. Valeria Kornetova, Moskau; Prof. Dr. Per Olof Lindblad, Saltsjöbaden; Prof. Dr. Karl Mägdefrau, Deisenhofen; Dr. Clifford M. Nelson, Washington; Frau Dr. Annedore Oertel, München; Prof. Dr. Hugo Ott, Freiburg; Frau Dr. Ilse Plewe, Heidelberg; Dr. Werner Prange, Kiel; Prof. Dr. Jürgen Remane, Neuchatel; Prof. Dr. Max Schwab, Halle; Prof. Dr. Martin Schwarzbach, Bergisch-Gladbach; Prof. Dr. Eduard Seidler, Freiburg; Prof. Dr. Karl Stackmann, Göttingen; Dr. Walther Steiner, Weimar; Prof. Dr. Friedrich Steininger, Wien; Prof. Dr. Rüdiger Stolz, Jena; Prof. Dr. Rudolf Trümpy, Zürich; Prof. Dr. Georg Uschmann†, Halle; Frau Dr. Ida Valeton, Hamburg; Prof. Dr. Erhard Voigt, Hamburg; Prof. Dr. Herbert Voßmerbäumer, Würzburg; Dr. Christian Weber, Orléans; Dipl. geol. Hildebrand Weigelt, Darmstadt; Dr. Zhang Bingxi, Peking; Frau Dr. Barbara Zobel, Hannover.

Die Leiter und Mitarbeiter zahlreicher Archive und Bibliotheken halfen bei der Beschaffung der Unterlagen. Hier sind in erster Linie zu nennen:

Bayer-Archiv, Leverkusen, Dr. Peter Göb; Dohrn-Archiv, Neapel, Frau Dr. Christiane Groeben; Ernst-Haeckel-Archiv, Jena, Doz. Dr. Horst Franke und Frau Dr. Erika Krauße; Archiv und Bibliothek der Deutschen Akademie der Naturforscher Leopoldina, Herr Dr. Wieland Berg, Frau Erika Lämmel und Herr Jochen Tamm; Universitätsarchiv Halle, Dr. Frank Coiffier;

weiterhin:

Bibliothek der Österreichischen Akademie der Wissenschaft, Wien, Dr. Klaus Wundsam; Bibliothek der Geologischen Bundesanstalt Wien, Dr. Tilfried Cernajsek; Bayerische Staatsbibliothek München; Stadt- und Universitätsbibliothek Frankfurt a. M., Dr. H. Burckhardt; Deutsches Literaturarchiv Marbach; Rijksarkivet, Stockholm; Staatsbibliothek Preußischer Kulturbesitz, Berlin, Frau Dr. I. Stolzenberg und Frau Dr. Jutta Roemer; Stadtarchiv Weimar; Bibliothek der ETH Zürich; Staats- u. Universitätsbibliothek Göttingen; Universitätsarchiv Erlangen; Universitätsarchiv Jena; University of London Library; Zentrales Staatsarchiv Merseburg; Gesellschaft für Erdkunde zu Berlin.

Besonderer Dank gilt Herrn Prof. Herbert Grünewald und Frau Grünewald, Leverkusen, Herrn Prof. Heinz Bethge und den Mitarbeitern in Archiv und Bibliothek der Akademie der Naturforscher Leopoldina in Halle und Frau Dr. Erika Krauße, Haeckel-Haus Jena, für ihren Beistand „vor Ort". Meinem Mann danke ich für Anregungen in vielen Gesprächen und für die kritische Durchsicht des Textes, an der auch meine Tochter Ursula beteiligt war.

Freiburg, im Mai 1992   Ilse Seibold

Inhalt

	Einleitung	1
1	Familie und Kindheit	7
2	Zoologiestudium in Jena	11
3	Wanderjahre – Das Geologiestudium	17
	3.1 Leipzig	18
	3.2 München	18
	3.3 Neapel	19
	3.4 Reifejahre	25
4	Habilitation	27
5	Wissen und Erfahrung – Die großen Reisen	37
	5.1 Sinai und Ägypten	38
	5.2 Indien	44
	5.3 Geologenkongreß und Fahrten in die USA	55
	5.4 Kaukakus und Innerasien	58
6	Dozentenalltag in Jena	61
	6.1 Publikationen	62
	6.2 Zeitungsartikel und Vorträge	70
	6.3 Vorlesungen und Hörer	73
	6.4 Ferienkurse	75
	6.5 Berufungskämpfe 1892 und 1894	77
7	Haeckel Professor in Jena 1894–1906	93

	7.1 Erweiterte Aufgaben	94
	7.2 Heirat	101
8	Berufung nach Halle	105
	8.1 Aufbau in Halle	107
	8.2 Lehrerausbildung in Geologie?	113
	8.3 Neue Bücher	114
	8.4 Neue Reisen	117
9	Australien 1914 – Kriegsausbruch und Ehrendoktorate	119
10	Kriegszeit in Halle	125
11	Die ersten Nachkriegsjahre	131
12	Präsident der „Leopoldina"	139
13	Letzte Jahre	149
14	Die Lehrer	155
	14.1 Ernst Haeckel (1834–1919)	155
	14.2 Edmund von Mojsisovics (1839–1907)	158
	14.3 Georg Schweinfurth (1836–1925)	160
	14.4 Ferdinand von Richthofen (1833–1905)	161
15	Kollegen – Freunde – Gegner	163
16	Die Schüler	169
17	Rückblick – Werk, Wirkung, Persönlichkeit	173
	Literaur	181
	Biographische Daten	187
	Personenregister	189
	Verzeichnis der Archive	195

Einleitung

> „Das Sein ist nur aus dem
> Gewordenen voll verständlich."
> *(A. v. Humboldt zugeschrieben)*

Wer war Johannes Walther? Einer, der auszog, die Welt der Geologie in der Geologie der Welt zu entdecken: ein bedeutender, außerordentlich vielseitiger Erdwissenschaftler, Pionier der deutschen Meeresgeologie, bahnbrechend für die Entwicklung der Sedimentologie, Verkünder des Gesetzes der Fazieskorrelation; gelernter Biologie und Geologe, der die Ökologie in der Paläontologie zur Geltung brachte und für die allgemeine Geologie immer auch die geographischen Aspekte vertrat; dazu ein weitgereister Küsten- und Wüstenforscher; ein Gelehrter, der sich für die Verbreitung seiner Wissenschaft in weiten Kreisen der Bevölkerung zielbewußt und sehr erfolgreich einsetzte, dessen Lehrbücher in vielfachen Auflagen zu Bestsellern wurden. Er war Ehrendoktor der Universitäten Melbourne, Perth und Halle, 19. Präsident der Deutschen Akademie der Naturforscher Leopoldina, Professor und Geheimrat, Schüler Ernst Haeckels und engster Freund des großen Industriellen Carl Duisberg, Freund auch der Forschungsreisenden Georg Schweinfurth und Sven Hedin – eine glänzende Gestalt des deutschen Universitätslebens aus der Zeit vor dem ersten Weltkrieg, die auch seine persönliche wissenschaftliche Glanzzeit war. Das Konversationslexikon nennt ihn, doch wird er über die Fachgenossen hinaus heute nur noch wenigen bekannt sein. Seine damals so neuartigen Gedanken sind inzwischen zum Allgemeingut der Geologen geworden.

Ein kleiner Artikel mit Dokumenten über Walthers frühe meeresgeologische Studien (I. Seibold 1987) weckte ein Echo, das sich in zahlreichen Zuschriften an die Verfasserin ausdrückte: „Johannes Walther zählte seinerzeit, neben Othenio Abel, zu meinen Vorbildern. Ihre Schriften boten eine Fülle von Anregungen", schrieb Emil Kuhn-Schnyder aus Zürich, der später noch einmal sagte: „Für uns Studenten war Walthers „Einleitung in die Geologie" die Bibel". Andere Briefe nahmen auf die „Geologie von Deutschland" oder seine „Geschichte der Erde und des Lebens" oder die „Vorschule der Geologie" und die „Geologie von Thüringen" Bezug. Ein Schüler Walthers aus den zwanziger Jahren schrieb: „Es ist mir bewußt geworden, daß er unter meinen akademischen Lehrern der einzige war, der weltweite Anerkennung gefunden hat" (Brief an die Verfasserin, Dr. Rudolf Hermann, Hannover). Eugen Wegmann: „The fossils [von Solnhofen] permitted to Johannes Walther and Othenio Abel to reconstruct one of the best palaeobiological syntheses" (1). A. L. Yanshin und F.T. Yanshina (1988) betitelten ihn als „father of sedimentology", und in den Lebenserinnerungen Bruno von Freybergs (1977, S. 3) steht: „Mein Lehrer Johannes Walther gehörte zu den letzten, welche das Gesamtgebiet der Geowissenschaften souverän überblickten. Weitgereist, von weltmännischer Gewandtheit, großdenkend, weitblickend und tolerant war er ein Institutsvorstand der klassischen deutschen Hochschule." Zeitgenossen wie Franz Xaver Schaffer in Österreich und Amadeus Grabau in den USA widmeten ihm ihre Lehrbücher. Noch 1953 tat dies Karl Mägdefrau: „Dem Andenken Johannes Walthers, der die Geschichte der Erde und des Lebens als Einheit aufzufassen lehrte." Einige persönliche Erfahrungen gaben der Verfasserin den Anstoß zu der Beschäftigung mit der Persönlichkeit Johannes Walthers.

In den ersten Nachkriegsjahren stieß sie bei Beginn ihres Studiums in Halle in seinem ehemaligen Institut zuerst auf seine Spuren. Damals lebte er seit fast zehn Jahren nicht mehr. In einem der Räume hing ein großes Porträtphoto von ihm aus seinen jüngeren Jahren, und in einer Schublade der Bibliothek lagen neben den Bierzeitungen längst verflossener Institutsfeste ein paar Karten mit Goldschnitt, „Geheimrat Dr. Dr. h.c. Johannes Walther und Frau Walther bitten ..." Karten, die deshalb so auffielen, weil sie in jenen Jahren nicht nur veraltet, sondern beinahe surrealistisch erschienen. In dieser Zeit sprachen die Professoren mit Hochachtung von Walthers Bedeutung. Er war noch gegenwärtig.

Aber allmählich verblaßte sein Bild. Es waren wohl vor allem die Wüstengeologen, die noch nach seinem „Gesetz der Wüstenbildung" griffen, einem Werk in dem ein gewaltiges Beobachtungsmaterial fesselnd ausgebreitet ist, und als „Wüstenwalther" lebte er denn auch im Bewußtsein der deutschen Nachkriegsgeologen, die Professor Gerald Friedman (1987, S. 668) aus New York auf der Suche nach Walthers Spuren befragte.

Zur erneuten Beschäftigung mit Walther kam die Verfasserin erst, als ihr eines Tages ein 1953 posthum erschienenes, kaum bekanntes Bändchen Walthers in die Hände fiel: „Im Banne Ernst Haeckels." Die fragmentarischen Lebenserinnerungen kreisen um seinen Lehrer und beleuchten so die Atmosphäre an der Universität Jena, an der Haeckel über Jahrzehnte eine zentrale Rolle spielte. Sie berichten von heiteren und ernsten Begebenheiten seines Studenten- und Dozentenlebens wie von seiner engen Freundschaft mit Carl Duisberg und Carl Hauptmann. Der Herausgeber des kleinen Buches, der Anthropologe Gustav Heberer, stellte den Erinnerungen das Schlußkapitel aus Walthers „Geschichte der Erde und des Lebens" voran, um ihn so dem Leser vorzustellen. So wurde die Neugier auf Walthers Lebensgeschichte geweckt, die sich bald als außergewöhnlich herausstellte. Als sich ergab, daß der lebenslange Briefwechsel zwischen Walther und Duisberg im Bayer-Archiv in Leverkusen lagert, begann bald darauf im Untergeschoß der Leverkusener Hauptverwaltung, an den über 500 Briefen das Puzzlespiel um ein Lebensbild. Dieser Briefwechsel wurde zur Grundlage für die ganze Studie. Wichtige Briefe aus dem Ernst-Haeckel-Haus in Jena und dem Anton-Dohrn-Archiv in Neapel kamen hinzu, und mit dem Material aus zahlreichen anderen Archiven konnten Lücken gefüllt werden.

Johannes Weigelts inhaltsvolle Nachrufe auf seinen Lehrer rundeten das Bild ab, zu dem auch die Nachrufe Franz Xaver Schaffers und William H. Twenhofels in den USA beitrugen. Fünf Gedenkartikel erschienen in der damaligen DDR 1957 (W. Steiner), 1962 und 1970 (K. v. Bülow), 1975 (E. Grumbt) und 1987 (H. Franke), einer in der Bundesrepublik 1987 (I. Seibold) und einer in der Tschechoslowakei 1960 (R. Kettner). In der Sowjetunion erschien 1965 das Buch B. Vyssotzkyjs über die Bedeutung Walthers für die Fortschritte der Geologie. Mit Walthers Gesetz zur Fazieskorrelation befaßte sich 1946 G.I. Sokratov, und 1973 lenkte ein Aufsatz G.V. Middletons die Aufmerksamkeit der amerikanischen Geologen wieder auf Walther: „Walther muß in einem Atemzug mit Sorby, Gilbert und Grabau als Begründer der modernen Sedimentologie und Palökologie [d. h. Lehre von der Ökologie der Vorzeit] betrachtet werden." Eine gewisse „Walther-Renaissance" hielt damit im angelsächsischen Bereich ihren Einzug. C. Teichert (1956) und C. Nelson (1985) betrachteten Walthers Faziestheorie im zeitgenössischen internationalen Rahmen. Inzwischen ist „Walther's Law" (das allerdings viel früher von Amanz Gressly vorformuliert wurde) in den

3

täglichen Sprachgebrauch der amerikanischen Geologen gewandert. 1986 hielt G.M. Friedman in Canberra einen Vortrag über Walthers Beziehungen zu dem bedeutenden amerikanischen Geologen Amadeus Grabau, der in seinen späteren Jahren in China unter anderem sehr wesentlich die Ausgrabungen des Peking-Menschen förderte. Er hatte die Briefe Walthers an Grabau in der Academia Sinica in Peking gefunden. In einem weiteren Vortrag, 1987, berichtete er über Walthers Wüstenforschungen. Er war dessen Sinai-Route teils mit dem Jeep, teils per Flugzeug gefolgt. In diesen Texten, wie in den Lebenserinnerungen von Carl Duisberg, in dessen Biographie von H.J. Fechtner, in den Büchern Georg Uschmanns und Walthers eigenen Erinnerungen wird manches berichtet, was hier um des Zusammenhanges willen erneut verwendet werden muß, manchmal jedoch in anderer Gewichtung.

Die Bekanntschaft mit Walthers Tochter, Frau Sigrun Carl, verlieh schließlich dem Informationsfluß persönliche Färbung. Trotz der vielen aufgefundenen Dokumente konnten Lücken nicht ausbleiben. Walthers eigener Briefnachlaß ging in den Wirren der ersten Nachkriegswochen verloren (Mitteilung Frau Sigrun Carl). So fanden sich nur wenige Beispiele der Reiseberichte, welche Walther an seine Eltern geschrieben hat. Reiseerlebnisse spiegeln sich aber auch in den Briefen an Ernst Haeckel wider, andere sind in Zeitungsartikeln verarbeitet und vor allem in seinen schwungvoll geschriebenen Büchern, die über das Fachliche hinaus stets auch Lesebücher sind. Walther war ebensosehr wie Geologe auch Schriftsteller, darin ganz ein Nachfahre der großen Geologen des 19. Jahrhunderts.

Aus diesen Unterlagen entstand der Versuch eines Lebensbildes, in das natürlich viele fachliche Betrachtungen eingeflochten sind. Es war aber nicht das Ziel, Walther im ganzen Umfeld der Geologie seiner Zeit zu werten. Indessen lieferten die Quellen Informationen, die weit über Walthers persönliches Leben hinausreichen. So kamen Unterlagen über einige Berufungsvorgänge zum Vorschein, die Licht darauf werfen, wie hart um die Jahrhundertwende um die raren freien Positionen gekämpft wurde, – werden mußte. Zahlreiche bekannte Geologen sind durch Gutachten oder Begutachtungen in die Vorgänge verwickelt, so daß sich über den speziellen Fall hinaus der Blick auf das Spektrum der Erdwissenschaften in Deutschland öffnet, das in einem besonderen Kapitel näher betrachtet wird. Die von Theodor Heuss geschilderten Kämpfe Anton Dohrns um die Zoologische Station Neapel werden auch in

Walthers Briefen an diesen deutlich. Seitenblicke fallen auf Hochschulpolitiker wie den gerühmten und gefürchteten Althoff oder „Exellenz Schmitt-Ott", den Gründer der Notgemeinschaft für die deutsche Wissenschaft nach dem ersten Weltkrieg. Vor allem aber berührt der Briefwechsel mit Carl Duisberg über das Persönliche hinaus viele Punkte allgemeinen Interesses.

In den Jahren nach der Gründung des Kaiserreiches richtete sich der Blick der deutschen Wissenschaftler stärker als vorher über die deutschen Grenzen und viele zogen hinaus, um andere Verhältnisse zu studieren. Walther war einer von ihnen. Seine Berichte bringen uns die Art von Forschungsreisen in jener Zeit nahe.

Walther war nicht nur Schüler Ernst Haeckels, sondern er verbrachte mehr als zwei Jahrzehnte in dessen Umgebung. Seine Anschauung der Geologie, die er aus dem bis dahin vorherrschenden stratigraphisch-beschreibenden Denken löste, fußt wesentlich auf dem, was er bei Haeckel gelernt hatte. So führt der Blick auf Walther weiter zu Ernst Haeckel.

Alle diese Momente lassen die Gestalt Walthers über seinen farbigen Lebensgang und die geologiegeschichtliche Dimension hinaus interessant werden. Sein Lebensbild erlaubt gleichzeitig den Blick auf die sozialen und geistigen Strömungen des akademischen Lebens an den Wurzeln unseres Jahrhunderts und mag an dessen Ende zur Rückschau anregen.

Da vor allem aus dem Briefwechsel Walthers mit Duisberg zitiert wird, wurde, um den Textfluß nicht unnötig zu belasten, darauf verzichtet, in jedem Falle Duisberg als Adressaten aufzuführen. Wo daher gelegentlich eine Angabe fehlt, ist der jeweilige Brief stets an letzteren gerichtet.

Auf die Wiederholung der Nachweise für die häufigen Zitate aus dem Briefwechsel Duisberg-Walther, den Briefen Walthers an Ernst Haeckel und an Anton Dohrn wird verzichtet, da das betreffende Material stets in den gleichen Archiven verwahrt wird. Nur beim jeweils ersten Zitat wird Herkunft und Signatur angegeben (s. Verzeichnis der Archive, S. 195).

Das Literaturverzeichnis enthält auch einige im Text nicht direkt zitierte Arbeiten, die dem interessierten Leser nützlich sein könnten.

1 Familie und Kindheit

Johannes Walther stammt aus Thüringen. Die Familie war seit vielen Generationen dort zu Hause, die Mehrzahl seiner Vorfahren waren Geistliche, so auch sein Vater, Kuno Walther (1825–1917), der in Halle und Jena Theologie studierte. Nach einigen Jahren, in denen er, wie damals bei jungen Theologen oft üblich, als Privatlehrer tätig war, trat er in Neustadt an der Orla die zweite Pfarrstelle an. Hier heiratete er eine Neustädterin aus angesehener Familie, Marie Louise Schwabe. In Neustadt wurden die beiden Kinder, Johannes und Helene, geboren. 1867 übersiedelte die Familie nach Dermbach in der Vorderrhön, wo Kuno Walther neben dem Pfarramt die Superintendentur übernahm. Einen größeren Wirkungskreis brachte ihm ab 1883 das Oberpfarramt in Weida, das für ihn ebenfalls mit dem Amt des Superintendenten verbunden war. Er versah dort bis zu seinem 70. Lebensjahr sein Amt und verstarb in Weimar im hohen Alter von 92 Jahren (Weigelt 1937, S. 652).

Kuno Walther muß ein geselliger, aufgeschlossener Mensch gewesen sein. Er pflegte viele Interessen, auch naturwissenschaftliche. Johannes Walther erinnerte sich, daß sein Vater bei einem Besuch bei Ernst Abbe, den er seit langem kannte, von diesem den ersten Petroleummotor gezeigt bekam, der in seiner Werkstatt gebaut worden war. Seinem Vater, „der mir zuerst die Wunder der Natur zeigte", widmete er die erste Auflage seiner „Vorschule der Geologie" (1905). Weigelt erwähnt, Kuno Walther habe großen Anteil an der Belebung der Wissenschaften in seinen Kirchenbezirken gehabt, sich große Verdienste in schwierigen kirchlichen Aufgaben erworben und sei sehr um die Renovierung verfallender Kirchen bemüht gewesen. Der Sohn hing mit großer Zuneigung an seinen Eltern, deren harmonische Ehe er einmal in einem Brief an Duisberg rühmt. Seine Studienfreunde nahm er gern über die Wochenenden mit ins Elternhaus, und so finden sich im Duisberg-Archiv neben Briefen von Walthers Mutter an Duisberg auch heitere Gelegenheitsverse von Kuno Walther.

Johannes Walther wurde am 20. Juli 1860 geboren. Nach der Übersiedlung nach Dermbach besuchte er dort bis zu seinem zehnten Lebensjahr die Volksschule. Danach wurde der begabte Junge zunächst einmal Privatschüler: Sein Vater unterrichtete ihn in den sprachlichen und humanistischen Fächern, ein Dermbacher Lehrer, R. Wagner, der als Kenner der Triasformationen einen Namen hatte, in Mathematik und den anderen Naturwissenschaften. 1874 trat er in die Obertertia des Gymnasiums in Eisenach ein. Die Ursache dieses vierjährigen Privatunterrichtes war anscheinend bereits die Krankheit, die seine späte Kindheit und Jugend so schwer überschattete und einschneidenden Einfluß auf seine Entwicklung hatte. Er selbst beschreibt sie in seinem Habiltationsgesuch an die Philosophische Fakultät in Jena (2):

Infolge eines Sturzes hatte ich als Kind öfters an kataleptischen Krämpfen zu leiden. Als ich auf dem Gymnasium zu Eisenach weilte, traten kurz nach meiner Versetzung in die Secunda die Krämpfe in so heftigem Maße wieder auf, daß ich die Schule auf zwei Jahre verlassen mußte. Von steten Kopfschmerzen gequält, mußte ich in dieser ganzen Zeit jedwede geistige Anstrengung vermeiden.

Er verbrachte diese Jahre in Dermbach, ,,wo geologische Exkursionen meine einzige Freude wurden". Als es ihm besser ging, besuchte er wiederum das Gymnasium. Doch setzten nach einem halben Jahr die Anfälle erneut ein, die er auch jetzt auf ,,einen unglücklichen Fall" und die gesteigerte Anstrengung zurückführte. ,,Auf Drängen meines Arztes mußte ich definitiv die Schule verlassen und praktischer Landwirt werden". Das war ein schwerer Rückschlag für alle der Krankheit zum Trotz gehegten jugendlichen Zukunftshoffnungen, die damals allerdings recht utopisch erschienen. Sie basierten auf drei in dieser trüben Zeit gemachten positiven Erfahrungen, die schließlich für sein Leben bestimmend wurden.

Eine davon war die Lektüre von Fichtes Reden über die Bestimmung des Gelehrten, an die er im Alter von 15 Jahren geriet. Seitdem war sein ,,einziger Wunsch und höchstes Ziel" der Beruf eines akademischen Lehrers.

Dann erlebte er bei einem Aufenthalt in Jena Ernst Haeckel in einer Vorlesung, was ihn so tief beeindruckte, das dies zusammen mit der Fichte-Lektüre zu einem Schlüsselerlebnis wurde:

Die bei Haeckel gehörten Vorlesungen klangen nach und weckten die Sehnsucht, falls ich wieder gesund werden würde, einmal als Privatgelehrter die Vorgänge des Lebens erforschen zu dürfen (Walther 1953, S. 84).

Schließlich war in der Zeit, in der Walther in Dermbach pausieren mußte, Adolf von Koenen, damals Extraordinarius in Berlin und Mitarbeiter der Geologischen Reichsanstalt, mit der Kartierung der Rhön befaßt. Er nahm den Jungen auf Geländebegehungen mit und legte damit den Grund für dessen Wunsch, einmal Geologie zu studieren.

Zunächst aber begann der angeratene Versuch mit der praktischen Landwirtschaft. Walther muß dabei sehr wenig glücklich gewesen sein, denn als es ihm nach einem Jahr besser ging, zog er nach Jena, um sich hier unter Leitung eines Philologen (Dr. Böhme, Leiter des philologischen Seminars) wiederum und nun privat auf das Abitur vorzubereiten. Die Ärzte hatten von einem erneuten Schulbesuch abgeraten. Seine Eltern, die diesen Entschluß wenn nicht gefaßt, so doch getragen haben, müssen von den geistigen Möglichkeiten des Sohnes überzeugt gewesen

Abb. 1. Johannes Walther, 15jährig
(Überlassen von Frau Sigrun Carl)

sein, sonst hätten sie die für die Verhältnisse eines Landpfarrers starke finanzielle Belastung wohl kaum übernommen. Doch auch dieser Versuch schlug nach anderthalb Jahren fehl. Walther wurde einige Wochen in der Universitätsklinik behandelt, mußte in der Folge wieder ein halbes Jahr pausieren und schrieb, daß er infolge der heftigen Kopfschmerzen nun zum dritten Mal einen großen Teil des Erlernten vergessen habe.

Daß er unter diesen desolaten Umständen nicht aufgab, ist beeindruckend. Er hatte in der Jenaer Zeit bereits bei Haeckel, dem Botaniker Strasburger und dem Philosophen Eucken gehört, so daß diese Professoren ihn und sein Schicksal kannten. Die Rücksprache mit ihnen bestärkte ihn in der nun neu gefaßten Absicht, sich ohne Abitur allein durch eigene Studien „jene höhere Bildung anzueignen, die man von einem akademischen Lehrer erwartet". Er muß auf die Professoren einen sehr guten Eindruck gemacht haben, denn nachdem er im Sommersemester 1879 für Landwirtschaft eingeschrieben war, wurde er im Wintersemester 1880/81, als Zwanzigjähriger, „durch allerhöchsten Dispens" (also vom Großherzog in Weimar) vom Abitur befreit und als stud. rer. nat. immatrikuliert. Dieser vierte Anlauf hatte Erfolg. Die Krankheit (von Weigelt im Nachruf irrig als Narkolepsie bezeichnet), die aus heutiger medizinischer Sicht nicht eindeutig zu diagnostizieren ist (Mitteilung Prof. Dr. E. Seidler), schwand in der Folgezeit rasch. Kleinere Rückfälle konnten sein Studium nicht mehr wesentlich behindern.

2 Zoologiestudium in Jena

"Impavidi progrediamur"

Man möchte annehmen, daß eine derart schwere und langwierige Erkrankung die jugendliche Entwicklung sehr behindert und deutliche psychische Spuren hinterlassen haben müßte. Man würde sich vorstellen, daß der Student, über Jahre isoliert von Schulkameraden und den Vergnügungen seines Alters, Schwierigkeiten bei der Anpassung an das damals so lebhafte gesellige Leben unter den Studenten – modern ausgedrückt: bei der sozialen Integration – gehabt haben müsse, von den Schwierigkeiten, auf einer lückenhaften Basis zu studieren, ganz abgesehen. Doch aus den Erinnerungen Carl Duisbergs und Walthers läßt sich das nicht schließen. Im Gegenteil scheint sich Walther nach den Jahren geistigen Brachliegens in alle Möglichkeiten, die das neue Leben bot, geradezu gestürzt zu haben. Die Universität Jena hatte in den Jahren um 1880 rund 500 Studenten und „das Studentenleben hatte noch seine volle, allseitig garantierte Eigenart" (Gerhart Hauptmann).

Jena, die zwischen den steilen Muschelkalkhängen des Saaletales reizvoll gelegene kleine Stadt, bot dafür eine ideale Atmosphäre. Sie besaß damals fast keine Industrie. Erst 1874 war sie Bahnstation geworden. Die Bürger – 1888 waren es 13 000 Einwohner – lebten bescheiden, weitgehend mit und von der Universität, die der bestimmende Faktor des städtischen Lebens war (Lange 1990). Das studentische Leben stand deshalb in voller Blüte, und die Bürger begegneten ihm mit Verständnis. So brauchte zum Beispiel ein Doktorschmaus nicht sogleich bezahlt zu werden, sondern oft erst nach Jahren, wenn der Betroffene zahlungskräftig geworden war.

Obwohl sie klein war, hatte die Universität einen guten Ruf. Der arme Weimarer Staat hatte außer der Toleranz des Großherzogs seinen Universitätslehrern nicht viel zu bieten, die Professorengehälter lagen in Jena deutlich unter denen der anderen deutschen Universitäten, aber die

Berufung junger, vielversprechender Dozenten wirkte sich positiv aus. Viele von ihnen, angezogen von dem anregenden Geist, der an der Universität herrschte – es lehrten neben Ernst Haeckel unter anderem Karl Gegenbaur, die Brüder Oscar und Richard Hertwig, der Botaniker Eduard Strasburger, der Philosoph und spätere Nobelpreisträger Rudolf Eucken und der Pädagoge Wilhelm Rein – blieben über längere Zeit oder sogar ganz in Jena. Kontakte waren leicht zu finden und wurden genutzt. Man konnte sich ja in dem kleinen Städtchen gar nicht aus dem Wege gehen. So gab es neben den privaten Gesprächsrunden der Professoren (zum Beispiel Haeckels „Referierabend"; Kapitel 7) hier die wie auch andernorts meist um die Jahrhundertmitte gegründeten wissenschaftlichen Vereinigungen. In Jena waren es die Medizinisch-Naturwissenschaftliche Gesellschaft, die neben der Vortragstätigkeit auch eine eigene Zeitschrift unterhielt, die Geographische Gesellschaft und die „Rosengesellschaft", genannt nach dem Gasthof „Rose", in dessen

Abb. 2. Johannes Walther in der Studentenzeit, um 1881 (Überlassen von Frau Sigrun Carl)

Saal die öffentlichen „Rosenvorträge" gehalten wurden, in dem die Gesellschaft aber auch Feste abhielt.

Den Freizeitfreuden seiner Altersgenossen ging Walther nicht aus dem Wege. Seinem späteren engsten Freund, Carl Duisberg, begegnete er zum ersten Mal bei einem Tanzvergnügen in einem der umliegenden Dörfer. Er war ein guter Fechter, sogar einer der Lieblingsschüler des Jenaer Fechtmeisters Roux. Die schlagenden Verbindungen mied Walther allerdings und gründete statt dessen mit einigen Gleichgesinnten den „Naturwissenschaftlichen Verein Studierender an der Universität Jena", der sich neben allwöchentlichen Vorträgen und Diskussionen natürlich auch jugendlichem Feiern widmete. Ernst Haeckel besuchte öfters einmal die Vereinsabende und befeuerte die Gespräche. Daß sein Motto „Impavidi progrediamur" (laßt uns kühn voranschreiten) den Refrain des Vereinsliedes bildete, weist auf den Einfluß hin, den er hier hatte. Es mag interessant sein, daß unter den Themen der Vereinsvorträge auch

Abb. 3. Carl Duisberg, 1884 [6]

die von Haeckel angeregten Gedanken über die Beeinflussung der Erbfolge durch die Ausschaltung Untüchtiger und über Rassenhygiene eine Rolle spielten – Gedanken, die sich in der Folgezeit in Deutschland ausbreiteten und unter Hitler unheilvoll zum Tragen kamen. Ein gewisses antisemitisches Element, das innerhalb des Vereins jedoch nicht ins Gewicht fiel, brachte ein aus dem Osten kommendes Mitglied ein, Haeckels Schüler Willibald Hentschel, der spätere Schwager Walthers (Walther 1937, S. 62-68).

In diesem Kreis fanden sich Walther (genannt Weo), Duisberg (Deo) und Carl Hauptmann (Heo), der ältere Bruder Gerhart Hauptmanns, der bei Haeckel Zoologie und im übrigen Philosophie studierte, in enger Freundschaft zusammen. Die drei verbrachten fast ihre ganze Freizeit bei gemeinsamen Unternehmungen und viele Abende auf ihren Buden, wo Walther auf dem Klavier phantasierte und zu Liedern begleitete. „Jeder liebte an den beiden anderen die Eigenschaften, die ihm besonders erstrebenswert schienen" (Walther). Gerhart Hauptmann, der bei einem Besuch bei seinem Bruder in den Kreis gezogen wurde, war hingerissen von dem Schwung, in dem die Freunde lebten. Der Geist Schillers und Goethes war in diesen Jahren in Jena noch lebendig. Eucken begeisterte mit Vorlesungen über Plato, von Haeckel spricht der junge Besucher als „einer Feuersäule des Geistes". Hauptmanns Vergleich der Universität Jena mit der Kunstakademie in Breslau, von der er kam, fiel danach sehr zu deren Ungunsten aus (Hauptmann 1954, S. 547-568).

Vor diesem schwärmerischen Freizeitleben „Carl lebte in einer intelligiblen Welt mehr als in der Wirklichkeit" (G. Hauptmann, s.o.) hatte die Arbeit jedoch Vorrang, und dazu bot gerade die Jenaer Biologie viele Möglichkeiten. Walther hatte vieles aufzuholen. Daß er es tat, beweist die Liste der vierzehn Professoren, bei denen er in den offiziell nur vier Semestern bis zu seiner Promotion hörte (2): v. Bardeleben (Anatomie), Böthlingk (Geschichte), Eucken (Philosophie), Falckenberg (Philosophie), Gaedechens (Archäologie), Geuther (Chemie – hier half ihm Duisberg mit Extrastunden), Haeckel und die beiden Hertwigs (Zoologie), Klopfleisch (Vorgeschichte), Ad. Schmidt (Geschichte), E. Schmid (Mineralogie), Stahl und Strasburger (Botanik), eine Liste, die man in Anbetracht der kurzen Studienzeit nur als überreich bezeichnen kann. Daß ihm dabei das Ausfüllen seiner Lücken nicht ganz gelungen sei, beklagte er selbst in späteren Briefen.

Die Geologie, der er sich nach dem Biologiestudium widmen wollte und die er gern bereits gehört hätte, wurde von Geheimrat Ernst Erhard Schmid gelesen, der, von Haus aus Mineraloge, auch noch die Meteorologie vertrat. Daß er die Erdgeschichte abwärts, vom Jüngsten zum Ältesten vortrug, gefiel Walther so wenig, daß er diese Vorlesung bald aufgab. Doch bekam er durch einen Leipziger Vereinsbruder Hermann Credners „Elemente der Geologie", das klassische Lehrbuch der Zeit, in die Hände. Das mag ihn vielleicht veranlaßt haben, nach der Promotion nach Leipzig zu gehen.

Da Haeckel in der Zeit, in die Walthers Promotionsarbeit fiel (1881/82), auf seiner ausgedehnten Ceylonreise war, machte Walther die Doktorarbeit über die Entstehung der Deckknochen am Kopfskelett des Hechtes bei Oscar Hertwig am Anatomischen Institut. In einem Geburtstagsbrief an Haeckel nach Ceylon berichtet er (3):

Ich habe unterdessen meine Arbeit über den Hechtschädel aufgenommen, die allerdings bis jetzt noch wenig gefördert ist, wenigstens nur wenig Resultate ergab. Die jüngsten mir zu Gebote stehenden Individuen sind schon so weit entwickelt, daß nur geringe Veränderungen im Laufe des Weiterwachstums eintreten, so daß ich jetzt meine ganze Hoffnung auf die Beobachtung der niederen Stadien stelle, die ich in den nächsten Monaten studieren will.

Herr Amtmann Gräfe in Zwätzen will mir einen Kasten in der Fischzuchtanstalt zur Verfügung stellen und so werde ich Mitte Februar meine Kulturen anfangen ... (12. Januar 1882).

Immerhin war er ein halbes Jahr später schon promoviert! Doktorarbeiten nahmen damals nicht viel Zeit in Anspruch. Auch der etwas ältere Geologe Steinmann beispielsweise brauchte für seine Promotionsarbeit bei Karl Zittel in München nicht länger als ein halbes Jahr. Walther:

Die Promotion war an einem heißen Junitag angesetzt und ich erschien herzklopfend in einem frischgeborgten Frack. Der Dekan G. trat im Wollhemd ohne Kragen ein und bald danach kam auch Haeckel in einem Sommerrock, den er sofort ablegte und in Hemdsärmeln seine Fragen zu stellen begann. Nach ihm prüfte mich der Botaniker Stahl und der Philosoph Eucken: „suaviter in modo aber fortiter in re!" [angenehm im Stil, aber hart in der Sache] (Walther 1953, S. 64).

Er bestand mit dem Prädikat „magna cum laude", das damals nicht so leicht vergeben wurde wie heutzutage. Die Professoren kannten ihre Studenten im allgemeinen recht gut. Ernst Stahl, Walthers Prüfer im Fach Botanik, wurde später sein guter Freund. Haeckel war ihm ohnehin fördernd zugewandt und Eucken hatte Duisberg und Walther während des Studiums schon einmal zu einer Hollandreise angeregt.

Alle drei Freunde erfüllte gleichermaßen und vor allen anderen Erfahrungen des Studiums die Bewunderung für Ernst Haeckel. Dieser war, als Walther 1879 nach Jena kam, 45 Jahre alt, lehrte bereits seit 19 Jahren dort und stand auf dem Gipfel seiner Erfolge. Die beiden Bände der „Generellen Morphologie" (1866) und die großen Monographien (Radiolarien, 1. Teil, 1862 und Kalkschwämme, 1872) hatten seinen wissenschaftlichen Ruf begründet. Doch sein großer öffentlicher Einfluß beruhte neben anderen einschlägigen Schriften und Reden auf seiner 1868 zuerst und danach in vielen Auflagen erschienenen „Natürlichen Schöpfungsgeschichte", die weite Kreise, vor allem die Jugend, für Darwins Evolutionsgedanken gewann. Enthusiastisch, wie er sich dafür einsetzte, die biologische Erkenntnis auch weltanschaulich interpretierend, faszinierte er seine begeisterungswillige Hörerschaft, und im Zeitgeist lag solche Begeisterungsbereitschaft in hohem Maße. Zu seinem außerordentlichen Temperament und seiner Redegabe kam seine imponierende Erscheinung, die die romantischen Vorstellungen der Zeit von einem germanischen Sagenhelden wohl erfüllen konnte. Richard Goldschmidt, der ihm sehr viel später begegnete, schreibt in seinen Erinnerungen:

Er hatte einen wirklich großartigen Kopf mit einer feingemeißelten Stirn .... Wenn man ihn so vor sich stehen sah, mußte man unwillkürlich an Wotan denken. Aber während dieser Schlachtengott ein Auge verborgen hatte, blickte Haeckel einen mit strahlenden, jugendlichen Augen von leuchtendstem Himmelsblau an ... (Goldschmidt 1959, S. 38).

Kein Wunder, daß die Studenten, die von weither über die deutschen Grenzen hinaus nach Jena kamen, um ihn zu hören, ihm auch zu Füßen lagen.

3 Wanderjahre – Das Geologiestudium

> „Anschauung ist für einen
> Geologen die Haupsache."
> *(Johannes Walther)*

Das an seine Promotion anschließende dreieinhalbjährige Geologiestudium, in dessen Zeit bereits acht eigene Arbeiten einschließlich der Habilitationsschrift entstanden, führte Walther weit über den heimatlichen Rahmen Thüringens hinaus.

Die Daten: Wintersemester 1882/83 in Leipzig; Sommersemester 1883 in München; im Winter 1883/84 Arbeit an der Zoologischen Station Anton Dohrns in Neapel; anschließend Reise nach Messina und Tunis; im Sommer 1884 Praktikant bei der k.k. Geologischen Reichsanstalt Wien, zwei Monate Kartierungen mit Edmund von Mojsisovics in den Kalkalpen; Wintersemester 1884/85 wieder in München; ab April 1885 erneut zwei Monate Neapel; danach ausgedehnte Eifelexkursionen; bis Ende 1885 Abschluß der Habilitationsarbeit in München.

Walther war also in diesen Jahren in ständiger Bewegung, besuchte Albert Heim in Zürich, ging mit diesem ins Gelände (an die Windgälle), suchte in Tübingen den 75jährigen Quenstedt auf, arbeitete an Fossilmaterial im Berliner Naturkundemuseum. Auf Empfehlung Haeckels wurde er 1885, bei der Öffnung von Goethes Nachlaß, mit der ersten Sichtung von Goethes geologischen Schriften betraut. Es scheint, als ob er in einer wahren Eruption von Tätigkeit die verlorenen Krankheitsjahre endgültig einholen wollte.

Ein Student oder junger Wissenschaftler, der damals die Universität wechselte, hatte es leichter als heute: Da die Zahl der Professoren, gerade der Ordinarien, viel kleiner war, kannten sich diese gewöhnlich recht gut, zumal die Tagungen jener Zeit breiten Rahmen für den geselligen Teil ließen. Auf dieses so entstandene dichte Netz persönlicher Beziehungen konnte sich ein Neuling verlassen. Wenn er, mit empfehlenden Visitenkarten seiner Professoren gut ausgestattet, am neuen Orte ankam, öffneten sich ihm rasch viele Türen, oft auch privat. So erging es denn auch Walther bei seinem Einzug in Leipzig und in München.

3.1 Leipzig

Die Universität Leipzig war, als Walther dorthin kam, eine der bedeutendsten in Deutschland und ein Mekka der Erdwissenschaften. Dort lehrte der berühmte Geograph Ferdinand von Richthofen, ein enger Jugendfreund Haeckels, der sich Walthers sogleich annahm und mit ihm lebenslang in Verbindung blieb. Ferdinand Zirkel, der „Vater der Petrographie", vertrat die Mineralogie; der Geologe war der hochangesehene Hermann Credner, dessen Lehrbuch wohl Walther nach Leipzig gezogen haben mag (Kapitel 2).

Doch nur der Zoologe Leuckardt, der zu Haeckel eher ein Verhältnis zurückhaltender Neutralität hatte, erlaubte Walther, auch nachmittags im Institut zu arbeiten. Deshalb blieben seine Studien noch sehr auf die Zoologie ausgerichtet. Er schrieb Haeckel über seine Pläne, weiter am Viszeralskelett von Fischen zu arbeiten („gedenke später auch Lachse zu züchten"), wobei zum ersten Mal der Gedanke auftauchte, zu Anton Dohrn nach Neapel zu gehen. Er hatte deshalb bei Dohrn bereits angefragt. Die Idee war von Karl Chun, dem späteren Initiator und Leiter der „Valdivia"-Tiefseeexpedition (1898-99), angeregt worden. Dieser war bei Leuckardt Privatdozent, und mit ihm zusammen wollte Walther im kommenden Jahr nach Neapel reisen. Über die Geologie und Mineralogie bemerkt er in den Briefen an Haeckel, daß er sie mit Nachdruck betreibe. Doch im Ganzen scheint dieses Leipziger Wintersemester eher eine Zwischenstation auf dem Wege nach München gewesen zu sein.

3.2 München

Wie in Leipzig, so kam Walther auch in München sogleich in eine wohlgesinnte Umgebung. Geologie und Paläontologie lehrte Karl von Zittel, die damals größte Autorität der Paläontologie in Deutschland. Walther war bei ihm, einem Duzfreund Haeckels, gut eingeführt, ebenso bei Carl Wilhelm von Gümbel, dem Direktor der Bayerischen Landesaufnahme, der seit 1870 mit Haeckel in gelegentlichem fachlichem Briefwechsel stand (Ehrendoktor der Universität Jena). Gümbel bearbeitete damals das Sedimentmaterial der „Gazelle"-Expedition (1874-1876). Walther verdankt ihm sicher viele Anregungen zu seinen meeresgeologischen Studien. Der Geograph Friedrich Ratzel, ebenfalls in Verbindung mit Haeckel, nahm den Neuankömmling auf mancher Gebirgswanderung mit. Das Angebot an wissenschaftlichen Anregungen war also vielgestaltig, und Walther nahm sie alle begierig auf.

Bei diesem Umzug spielte ein wichtiges persönliches Moment eine Rolle: Da Duisberg seinen Militärdienst in München ableistete, konnten die beiden Freunde ihre Freizeit auch hier gemeinsam verbringen (Walther wurde seines Nervenleidens wegen nicht zum Militärdienst angenommen. Liebevoll umschrieb es Duisberg (1933, S. 25) in seinen Erinnerungen: „wegen eines Herzfehlers").

Der Aufenthalt in Neapel war inzwischen beschlossene Sache, der Arbeitstisch in der Zoologischen Station war vom Königreich Sachsen angemietet, und in einem Brief vom 30. Juli 1883 bat Walther Haeckel um Empfehlungsschreiben für seine im Anschluß an Neapel geplante Sizilien-Tunis- und Oberitalienreise. Zugleich zog er Bilanz über das Münchener Semester:

Ich fand in Professor Zittel einen höchst liebenswürdigen Lehrer auch durch Ihre freundliche Empfehlung eine sehr gute Aufnahme bei Gümbel. Meine meisten Studien waren alpengeologische und habe ich auf vielen Touren in Oberbayern, Salzkammergut, Nord- und Südtirol mir einen leidlichen Überblick verschafft. Anschauung ist ja für einen Geologen die Hauptsache und aus der Natur selbst muß man lernen....

3.3 Neapel

Walthers beide Aufenthalte in Neapel, die geradezu explosive Art, mit der er sich in die Aufgaben stürzte, seine Geländearbeit mit Mojsisovics in den Kalkalpen, die ihm so viele neue Ideen für den zweiten Neapeler Aufenthalt und seine grundlegende spätere Faziesarbeit gab, sind in Auszügen aus Walthers Briefen an Haeckel und Duisberg bei Seibold (1987) ausführlich dokumentiert. Deshalb soll hier nur noch einmal kurz zusammengefaßt werden, daß er im ersten Winter 1884 in Neapel noch kein festes Arbeitsziel, jedenfalls kein auf die Geologie ausgerichtetes hatte. Er wollte das Meeresleben allgemein kennenlernen und Möglichkeiten der Arbeit erproben. Er interessierte sich allerdings schon damals für Kalkalgen als potentielle Riffbildner. Ein Artikel darüber erschien bereits 1885.

Ganz anders hatte er beim zweiten Aufenthalt fest umrissene Ziele. Auf der Bedeutung der marinen Kalksedimentation in den Alpen aufbauend, wollte er hierzu Untersuchungen an rezentem Material machen und versicherte sich dafür der Mitarbeit eines Freundes aus der Leipziger Zeit, des Chemikers Paul Schirlitz, der Assistent bei Zirkel gewesen war. Auch schwebte ihm eine Kartierung und geobiologische Monographie des Golfes von Neapel vor. Seinen Antrag auf einen Arbeitstisch genehmigte dieses Mal die Berliner Akademie. Die Ergebnisse der gemeinsamen Arbeit mit Schirlitz wurden 1886 als ,,Studien zur Geologie des Golfes von Neapel" publiziert. Zusammen mit dem italienischen Marineleutnant A. Colombo kartierte er mit Hilfe des Stationsschiffes ,,Johannes Müller" den Golf, wobei die ,,Taubenbank" (Secca di benda palummo), ein flacheres, vulkanisches Areal, mit vielfach felsigem Untergrund, besonders sorgfältig aufgenommen wurde. Die dort gesammelten Foraminiferenproben bearbeitete er seit 1886 in Jena, ein Artikel erschien zwei Jahre später. Doch die große Idee einer Monographie

Abb. 4. ,,Johannes Müller", der Dampfer der Zoologischen Station Anton Dohrns in Neapel, mit dem Walther 1885, zusammen mit dem italienischen Marineleutnant A. Colombo, Teile des Golfes von Neapel kartierte [Walther 1893, Abb. 24]

stellte er für viele Jahre zurück. Wie er kurz nach der Habilitation an Anton Dohrn schrieb, tauchten zu viele Fragen auf, für die er eine Lösung erst zu finden habe. Er hatte wohl erkannt, daß die Aufgabe seine damaligen Möglichkeiten überstieg und daß er andere Meeresverhältnisse kennenlernen müsse, um in Neapel sinnvoll weiterzuarbeiten. Obwohl er Duisberg von persönlichen Schwierigkeiten mit Mitarbeitern der Station berichtete, die die Arbeit des Nichtzoologen mit Vorbehalten beobachteten, hatte er offenbar zu Dohrn rasch ein gutes Verhältnis gefunden. Er scheint Dohrn von der Wichtigkeit geologischer Arbeiten im Golf überzeugt zu haben, denn vermutlich ging darauf ein Plan Dohrns aus dem Jahr 1886 zurück, ein unabhängiges Geologisches Institut in Neapel zu errichten „wenn auch unter italienischer Leitung, um nationale Eitelkeiten nicht zu verletzen" (Brief an Virchow, briefl. Mitt. Frau Dr. Christiane Groeben, Neapel). Dohrn ließ Walther auch an seinen Sorgen und Kämpfen um die moralische und finanzielle Unterstützung und Anerkennung der Station in Deutschland teilnehmen. Theodor Heuss (1948) hat sie in seiner Biographie Dohrns ausführlich behandelt.

Die geschmeidigen Briefe Walthers sind nicht nur in diesem Zusammenhang interessant, sondern auch persönlich, weil sie in der Art, in der Walther dem Älteren, Etablierten Ratschläge gab, von seinem schon gut entwickelten Selbstbewußsein zeugen (4):

Ich besuchte heute Herrn P. [Professor] Ratzel, welcher mir Ihren Brief an denselben mittheilte und mich aufforderte, auch meinerseits über die von Ihnen gestellten Fragen Ihnen eine Antwort und Beurtheilung zu geben. Gerne folge ich dem Wunsche Prof. Ratzels in der Hoffnung, daß ich Ihnen nützlich sein kann und Ihnen eine Beurtheilung der Lage von meinem Standpunkt willkommen sein möchte.

Durch die Berufung H.'s [Hertwigs] haben sich die Verhältnisse für die Zukunft einigermaßen geändert und es mag nicht ohne tieferen Grund sein, wenn mir Zittel kürzlich sagte, daß durch H.'s Hierherkommen die Stimmung für die Station sich wesentlich verändern könne. Ich hätte aus diesem Grunde sehr gewünscht, daß Sie auf Ihrer Rückreise noch einmal München hätten besuchen können.

Jedenfalls halte ich unter den obwaltenden Umständen für dringend geboten, rasch zu handeln und bis zum Schluß dieses Semesters alle Comité und und anderen Dispositionen fertig zu machen. Ist das Comité constituirt, ist von Seiten desselben irgend noch so geringe That öffentlich geschehen, so würde selbst H.'s Weigerung sich dem Comité anzuschließen, ohne tiefere Folgen sein. Im anderen Fall kann ich schlimme Befürchtungen nicht unterdrücken.

Von wesentlicher Bedeutung scheint es mir, wenn P. Zittel seinen versprochenen Artikel noch in diesem Monat schriebe. Er sagte mir, daß ihm noch nähere Daten fehlen und daß er Ihre Zurückkunft abwarten wolle um sich dieselben von ihnen zu erbitten. Zittels Name vertritt bis zum Ende dieses Semesters noch die Zoologie, von Mitte März ab wird das Wort des Zoologen schwerer ins Gewicht fallen als das des Paläontologen. Wenn ich daher Ihnen rathen darf, so würde ich empfehlen, bald in dem Sinne an P. Zittel zu schreiben, der gewiß sein Versprechen bald lösen wird.

Wie ich Ihnen schon früher mittheilte, würde Oberbergdirector v. Gümbel eine wesentliche Stütze der Station sein können, und wenn Sie Beziehungen zu ihm suchten, würden Sie einen warmen Freund für Ihre Ziele haben. v. Gümbel interessiert sich in so hohem Maße für die Arbeiten, welche ich jetzt in Neapel beginnen will, er erwartet sich an den Resultaten derselben soviel für die Wissenschaft, daß er gewiß gern ein überzeugungsvoller Fürsprecher sein würde. Vielleicht könnten Sie ihm einmal einen Jahresbericht über die Thätigkeit der Station schicken?....

Was einen späteren Vortrag anlangt, so möchte ich die Thunlichkeit von den Verhältnissen abhängig machen. ... Präparate, conservierte Seethiere, Mikroskop, Wasserbadöfchen, Mikrotom, Netze etc. reizen die Neugierde und geben einen gewissen Nimbus, der auf weitere Kreise mächtig wirkt. Von manchen Seiten hatte man, wie ich jetzt erfuhr, so etwas auch in Ihrem letzten Vortrag erwartet. Aber ein Vortrag für weitere Kreise ist nur dann zu empfehlen, wenn Sie der Stimmung und des durchschlagenden Erfolges sicher sind, sonst könnte er sehr schaden. ...Bedeutsam scheint es mir besonders, wenn P. Zittel in nächster Zeit einmal für die Station öffentlich schreibt, sein Wort gilt sehr viel und man wird demselben einen hohen Werth beimessen (14. Februar 1885 an Dohrn).

Aber Dohrn zog ihn nicht nur in seine Probleme um die Station hinein. Er vertraute ihm auch die Sorgen um sein gespanntes Verhältnis zu Haeckel an, denn die Gegnerschaft Haeckels war für die Station natürlich von Nachteil.

Anfangs Januar war ich in Jena. Ihrem Wunsche entsprechend vermied ich jede Andeutung und war umso mehr erstaunt, als Haeckel selbst davon anfing und mir seine Ansicht und seine Stellung zur Station charakterisierte. Was ich dabei erfuhr, lautet freilich ganz anders, als die Ihnen gewordenen Mittheilungen und ich glaube annehmen zu dürfen, daß diese, durch die Vermittlung eine andere unrichtige Färbung erfahren haben. Ich glaube, sie selbst würden sich gefreut haben zu hören, wie Haeckel in aller Anerkennung von der Station sprach, und wie er offen sagte, daß er zu sehr von der Bedeutung der Station überzeugt sei um irgendwie eine gegnerische Stellung einzunehmen. Gewisse Gründe bestimmten ihn, nicht für dieselbe öffentlich zu wirken, aber er freue sich, wenn die Station immer mehr an Bedeutung zunehme. So kann niemand sprechen, der den Krieg will und wenn ich Sie auch bitte, diese Mittheilung als rein persönlich und intim zu nehmen, so glaubte ich doch Ihrem Vertrauen gleiches Vertrauen entgegenbringen zu müssen umsomehr wenn ich dadurch zu einer factischen Berichtigung beitragen könnte (15. Januar 1885).

Dieser Bericht über Haeckels Haltung deckt sich mit dem, was Reinhard Dohrn, der Haeckel 1910 nach dem Tod seines Vaters aufsuchte, von diesem über seine Stellung zu Station zu hören bekam (briefliche Mitteilung, Frau Dr. Christiane Groeben, Neapel). Daß Haeckel jedoch zwischendurch Abfälliges über Dohrns Gründung bemerkt haben muß, geht aus einem anderen Brief hervor:

Ihre Mittheilung über H. [Haeckel] hat mich betrübt, ich will wünschen daß ich nie solche Erfahrungen mache wie Sie gemacht haben müssen; ich kann es mir von ihm immer noch nicht denken, und doch kann ich nichts gegen Thatsachen vorbringen (23. Januar 1885).

Am 24. Dezember 1884 hatte es schon geheißen:

...was Ihre Mittheilung über Jena betrifft, so bedaure ich von Herzen, daß ich einem Kampf zusehen werde, bei dem mich Dankbarkeit und Verehrung auf beide Seiten ziehen.

Vor diesem Hintergrund liegt der Gedanke nahe, daß Walther die Arbeit im Golf auch deshalb so lange hinausschob, weil ihm seine persönliche Lage zwischen den beiden Kontrahenten unbehaglich war. Zwar beschäftigte er sich in den kommenden Jahren immer wieder mit Meeres- und Küstengeologie, aber man gewinnt den Eindruck, daß er Neapel einigermaßen dilatorisch behandelte, auch wenn der Briefwechsel mit Anton Dohrn und gelegentlich mit Hermann Linden, dem Sekretär der Station, mit längeren Pausen immer weiterging. Nachdem er im Frühjahr 1886 den zunächst erwogenen Aufenthalt absagte, ließ er sich im Sommer viele Grundproben zur Bearbeitung nach Jena schicken (insgesamt 487), an denen er auch die Foraminiferenbearbeitung vornahm (Kapitel 6.1). Am 23. März dieses Jahres berichtete er Dohrn von einem Vortrag, den er über die Station in Weimar gehalten habe.

Doch erst am 12. Juli 1906, nach zwanzig Jahren, meldete er sich wieder für einige Monate des Herbstes bei Dohrn an. Er wollte nicht nur die alte Arbeit endlich abschließen, sondern er hatte auch neue Pläne (5):

Wahrscheinlich hat der letzte Aschenregen [Ausbruchsphase des Vesuvs vom 4.-22. April mit starken Aschenauswürfen] allerlei Wirkungen auf die Flora und Fauna des Golfes gehabt – Ihre Fischer werden in diesem Sommer eine Fülle von Beobachtungen darüber machen. Diese Daten möchte ich sammeln und geolog. biolog. verarbeiten. Denn wir Geologen haben so oft in Aschenregen begrabene Meeresfaunen zu untersuchen, daß ein rezentes Vergleichsphänomen unschätzbar ist.

Am 17. September sagte er wieder ab, weil er inzwischen den Ruf auf das Ordinariat in Halle bekam. Er hatte sich zwar beim Halleschen Kurator um Freistellung für die Arbeit in Neapel bemüht, das wurde jedoch abschlägig beschieden, weil er zum Wintersemester 1906/07 seine Vorlesungen bereits aufnehmen sollte. „Nun wird wohl 1-2 Jahr vergehen, bis ich zu Ihnen kommen kann" (an Linden, 17. September 1906). Die erneute Anmeldung folgte dann erst für das Frühjahr 1910 (Brief vom

11. Februar 1909). Der inzwischen schwer leidende Dohrn drückte in einer sofortigen Antwort vom 14. Februar (so schnell ging damals die Post nach Neapel!) seine Freude darüber aus, bemerkte jedoch: „Also lassen Sie die gute Absicht nicht wieder fahren!"

Walther und Dohrn sind sich nicht mehr begegnet. Bevor es zu der Stationsarbeit kam, starb Anton Dohrn am 26. Dezember in München.

Abb. 5. Darstellung eines Vesuvausbruchs mit starkem Aschenfall (1822)

Sein Sohn Reinhard übernahm das Institut, und Walther war vom 7. März bis 16. April in Neapel. Den Arbeitstisch für ihn hatte dieses Mal wieder die preußische Akademie angemietet. Im gleichen Jahr noch erschien dann seine ideenreiche Studie über die Taubenbank, für deren Vervollständigung der Aufenthalt geplant war.

Walther war in Deutschland der erste, der sich mit Entschiedenheit der Untersuchung rezenter Meeresbedingungen zuwandte, weil er von deren Bedeutung für die Entschlüsselung vergangener Meeresböden überzeugt war. Er hatte am 23. Januar 1885 an Dohrn geschrieben:

...es ist mir immer wunderbar, daß noch kein Geologe auf den Gedanken gekommen ist, dort [d.h. in Neapel] einmal Meeresleben zu studieren und gleich mir einmal zu sondieren was in Neapel zu machen sei.

3.4 Reifejahre

Mit der raschen Ausdehnung seines fachlichen und geographischen Horizontes in diesen Münchener Jahren gingen vielschichtige persönliche Erfahrungen einher, die Walthers Reife förderten. In den langen Briefen des Jahres 1885 an Duisberg versuchte er, sie zu klären und zu erklären. Es war ein krisenhaftes Jahr für ihn. Kurz vor seiner Abreise nach Neapel starb seine sehr geliebte Schwester Helene 23jährig im Kindbett. Es gab Schwierigkeiten für seine Habilitation, die ihn in tiefe Sorgen stürzten. Menschlich-Allzumenschliches unter Kollegen ernüchterte den noch idealistisch geprägten Studenten. Die schwärmerische Begeisterung für das akademische Leben schlug um in realistische, mitunter zynische Betrachtung. Die Selbsteinschätzung schwankte zwischen Kritik der eigenen Schwächen und seinem entwickelten Selbstbewußtsein:

Mein Leben ist ein Experiment, dessen Erfolge geplant, aber unsicher sind, wenn es gelingt, wird es mir schwer ein anderer nachmachen....

Vieles könnte ich dir sagen, was ich ungern dem Papier anvertraue. Ein wenig Nimbus hilft viel im Leben, und persönliche Beziehungen fördern mehr als Leistungen. Ich will auf eine Zeit meines Lebens eine angesehene Stellung einnehmen und richte mein Streben danach ein. Habe ich den Namen, so brauche ich nicht mehr die Welt. ....und warum suche ich die Gunst der Großen? Aus einem engherzigen Ehrgeiz, mehr zu gelten als andere. Besser macht das Leben nicht und der ideale Mensch wird äußerlich ein anderer, wenn auch im Innern ganz verborgen der alte Kern noch steckt. Denk' Dir, daß mich an mir nichts mehr kränkt als wenn ich einmal mich gezeigt habe, wie ich wirklich bin. Ich suche Andere möglichst im Unklaren über mein Fühlen zu lassen – es ist nicht recht aber es ist praktischer, denn sentimentale Naturen wie ich liebt die Welt nicht, sie will frische, leichtsinnige Naturen und den Eindruck mag mancher von mir bekommen. ...

Walther nutzte die Verstellung, wie sie viele sensible Menschen in dieser Lebensphase als Selbstschutz gebrauchen (6):

So schauspielere ich mit auf der großen Weltbühne und amüsiere mich, wenn ich hinter die Kulissen sehen kann und erfahre, wie Glück und Unglück, Ruhm und Ehre von Persönlichkeiten abhängt, wie edle Menschen verderben, weil sie die Macht nicht kennen, wie so mancher hochklingende Name einen hohlen Kopf verbirgt. Ich kenne fast alle großen Geologen, ich habe erfahren wie niedrige Leidenschaften in allen Kreisen regieren und wie es bei einem Wissenschaftler nicht so sehr auf lückenlose Kenntnisse ankommt als darauf, daß man seine Lücken möglichst zu verkleiden versteht. Ich verdamme solche Grundsätze, doch verlangt die Lebensklugheit, daß man ihnen Rechnung trägt (3. April 1885).

Mit den Vorhaltungen, die ihm Duisberg auf diesen Brief hin machte, setzte er sich gründlich auseinander und brachte dabei sich und seine Erfahrungen wieder besser ins Lot:

Hab' keine Angst um mich, ich bin nicht so schlimm wie Du denkst. Du lernst die Welt in Deinen einsamen Farbenfabriken nicht kennen, wie sie ist. Ich muß sie kennerlernen, muß im großen Getriebe leben und in demselben eine angesehene Stellung erringen, da gilt es mit einer wahren aber klugen Politik zu handeln und in allen Situationen mit Vorsicht zu verfahren. Schreibt man diese Maximen in einen Brief so klingen sie wie mephistophelische Regeln während sie in Wirklichkeit nur das aussprechen, was Niemand, selbst der Edelste zu thun sich scheut, er sagt es nur nicht und ist sich vielleicht des Mechanismus seines Handelns nicht völlig klar bewußt....

Ich freue mich innig über Deinen Brief. So ist es recht. Offen und ehrlich die Meinung gesagt, wenn der Freund sohlt und unrechten Gedanken Worte leiht. Du bist ein echter Freund, ich habe mich in Dir nicht getäuscht. Glaub' mir, lieber Deo, wenn ich so aus der Welt zurückkomme in mein Elternhaus, oder wenn ich einen Brief von Dir erhalte, so muthet mich das an wie ein Stück Goldenes Zeitalter. Draußen steht man im Gewühl der Leidenschaften und Intriguen, hier finde ich ein schönes Idyll von Lebensreinheit. Sieh', was ich selbst davon im Herzen trage, das bewahre ich furchtsam, und wenn ich allein bin, fern von aller Welt, sei es nachts auf dem Meer bei funkelndem Sternenschein oder auf hohem Felsengrat, wo keine Menschenseele mich sieht, wo ich niemand sehe, da erlebe ich Stunden reinen idealischen Lebens, – dann kehrt man wieder zurück, kommt wieder in Lüge und Verstellung der Welt, und wenn man das sieht, so verschließt man sein Inneres, damit niemand den träumenden Idealisten vermuthe. So wird man ein Heuchler um – seinen Idealismus rein und klar sich zu bewahren (21. Juli 1885).

In einem letzten Brief aus diesem Jahr des Heranreifens kam er noch einmal auf die Triebfeder seines Ehrgeizes zu sprechen, ohne diesem aber eigentlich steuern zu wollen:

... Im Grunde bin ich eine ganz epikuräische Natur, dessen Hauptlehrsatz beruht, halte dich immer genußfähig. Daß mir gerade das wissenschaftliche Arbeiten den größten

Genuß bereitet, ist das Glück meines Lebens. Auch wenn ich fleißig arbeite, so darf man das mir gar nicht so hoch anrechnen denn ich arbeite eigentlich nur, weil ich Genuß und Glück darin finde – und das ist doch kein Verdienst. Daneben aber steckt ein flammender glühender Ehrgeiz in meiner Brust, der treibt mich zu publizieren, er bestimmt mit 1000 Fäden die Beziehungen in der Welt zu knüpfen, damit 10 derselben mir Nutzen und Ehre bringen. So arbeite ich jetzt eifrig dem Ziele entgegen, mit einem Schiff den Korallenarchipel Indiens zu untersuchen. Vorige Woche hatte ich noch eine Audienz bei Genlt. Von Caprivi, doch vorläufig sind die Aussichten schlecht; aber der kluge Mann baut vor, vielleicht sind sie in 5 Jahren besser (27. Dezember 1885).

Tatsächlich arbeitete Walther vier Jahre später in den Korallenriffen Indiens, allerdings nicht mit einem Marineschiff, sondern im Eingeborenenboot.

Der Rückblick auf das Jahr 1885 geht weiter:

...Zuerst Geologenkongreß in Berlin. Ich wohnte und war mit Mojsisovics zusammen, sodaß meine Absicht die deutschen Kollegen kennenzulernen wieder vereitelt ward. Mehrere Tage mußte ich Frau v. Zittel und Frau v. Richthofen widmen, das fiel mir nicht schwer; viel war ich mit den 20 Italienern zusammen. Ich lernte viel neue Herren kennen und knüpfte europäisch-amerikanische Verbindungen. Dann kamen die Exkursionen nach Thale am Harz und nach Stassfurt; dort nahm ich Abschied von meinem lieben und verehrten Mojsisovics, der mich herzlich küßte, worüber ich jetzt noch stolz bin; ....

In solchen Äußerungen wird deutlich, wie jung er eigentlich noch war.

4 Habilitation

„Ein Experiment, dessen Erfolge geplant, aber unsicher sind..." so hatte Walther über sein Leben an Duisberg geschrieben (S. 25). Wie planvoll er sowohl in fachlicher Richtung als auch im Knüpfen persönlicher Beziehungen vorging, wurde in den bisher zitierten Briefen bereits deutlich. Wie unsicher jedoch der Boden war, auf dem er sein Gebäude zu errichten suchte, zeigt die Vorgeschichte seiner Habilitation. (Walthers Habilitation ist bereits von G. Uschmann (1959) und H. Franke (1976) ausführlicher behandelt worden. Gewisse Wiederholungen sind hier unvermeidlich).

Es waren die Imponderabilien bei der Berufung eines neuen Lehrstuhlinhabers für Mineralogie und dann das Manko seines fehlenden Abiturs, das ihn in einem Ausmaß in Unruhe und Ängste stürzte, das einem heute übertrieben erscheint. Es lag einmal in seinem begeisterungsfähigen Temperament, daß auch das Abgleiten ins Gegenteil möglich war. Darüberhinaus hatten seine Besorgnisse durchaus auch Berechtigung: Den wenigen Lehrstühlen, die es damals gab – Geologie und Mineralogie waren an vielen Universitäten noch nicht getrennt und wurden von ein und demselben Ordinarius versehen – stand eine Reihe gut ausgewiesener Aspiranten gegenüber. Sie konnten sich ausrechnen, daß sie sich bei fehlender Berufung als schlecht oder gar nicht bezahlte Extraordinarien, langjährige Assistenten oder Privatdozenten, die nichts als ein knappes Hörergeld bekamen, durchschlagen mußten, wenn sie nicht von Haus aus vermögend genug waren, um als Privatgelehrte zu leben und vielleicht als solche an der Universität zu lehren. Bei der akademischen Karriere jener Zeit ging es wirklich um die Existenz. Richard Goldschmidt, der in den dreißiger Jahren nach Amerika emigrierte große Biologe, nennt das System der Besoldung akademischer Mitarbeiter in seinen Erinnerungen an seine Jahre an deutschen Universitäten vor dem ersten Weltkrieg nicht nur unerfreulich, sondern „beinahe unmoralisch" (Goldschmidt 1959, S. 11). Vor diesem Hintergrund werden Ängste durchaus verständlich.

Walther, der wohl von Anfang an fürchtete, daß er wegen des fehlenden Reifezeugnisses Schwierigkeiten in der Fakultät in Jena bekommen könnte, baute sorgsam vor. Schon am 13. Oktober 1884 (die Habilitation fand im Frühjahr 1886) statt schrieb er an Duisberg:

Haeckel lud mich zum Kaffe ein und dort sprachen wir lange über meine Habilitation, die ich gern im Winter 1885/86 bewerkstelligen möchte. Nach H. würden sich alle Schwierigkeiten überwinden lassen und Eucken, den ich dann auch länger sprach, hat mir den Rat gegeben, schon im Sommer eine Eingabe an die Fakultät zu machen und um Zulassung zu bitten. Ist die formale Seite erledigt, könnte ich mich im Anfang des Winters zur Habil. selbst melden. Lange sprach ich natürlich auch mit S. [dem Mineralogen E.E. Schmid], der im Anfang immer ausweichend antwortete indem er von Versprechungen sprach, die er Zeo [Zimmermann, einem Haeckel-Schüler und Vereinsbruder des naturwissenschaftlichen Vereins] gegeben hätte.... Schließlich hat er mir auf dem Boden schon ein Arbeitszimmer ausgesucht und wir haben über die Aufstellung eines Ofens gesprochen! Aber im ganzen traue ich seinen Worten nicht recht, umsomehr als er einen Sammlungsmenschen haben will und mir schon sagte: auf Vorlesungen brauchen Sie kein Gewicht zu legen, damit ist in Jena überhaupt nichts. Sie können etwas ankündigen, aber mehr pro forma.

Nun, wir wissen ja warum er so spricht und dieses sein Benehmen ist auch der Grund, weshalb ich von einer Habilitation mit Niemandem sprechen mag bevor die Sache im Gang ist.

Umsomehr hoffe ich auf die Unterstützung von Haeckel, Eucken, Hertwig. ...

Diese drei waren sehr einflußreich, und er mußte ja in der Fakultät nach einer Mehrheit für seinen Antrag suchen. Ein harter Schlag für seine Hoffnungen war dann der unerwartete Tod von Geheimrat E.E. Schmid am 16. Februar 1885. Dieser hatte Walther immerhin gekannt (obwohl er aus seinen Vorlesungen weggeblieben war) und hatte ihm, wie der Brief zeigt, gewisse Zusagen gemacht. Da seine Habilitation nun wesentlich von dem Nachfolger Schmids abhing, war Walthers Situation unsicherer als vorher, und der oft geradezu verzweifelte Briefwechsel, den er mit Haeckel darüber führte, legt Zeugnis von seiner Gemütslage ab.

Haeckel hätte, um seiner phylogentisch orientierten Arbeit auch von Seiten der Geologie und vor allem Paläontologie mehr Stoßkraft zu geben, gern einen Geologen statt eines Mineralogen nach Jena gezogen. Deshalb bat er Gümbel, Zittel und Richthofen um Stellungnahmen für die Neubesetzung des Lehrstuhls. Die Antwortbriefe sind nicht nur we-

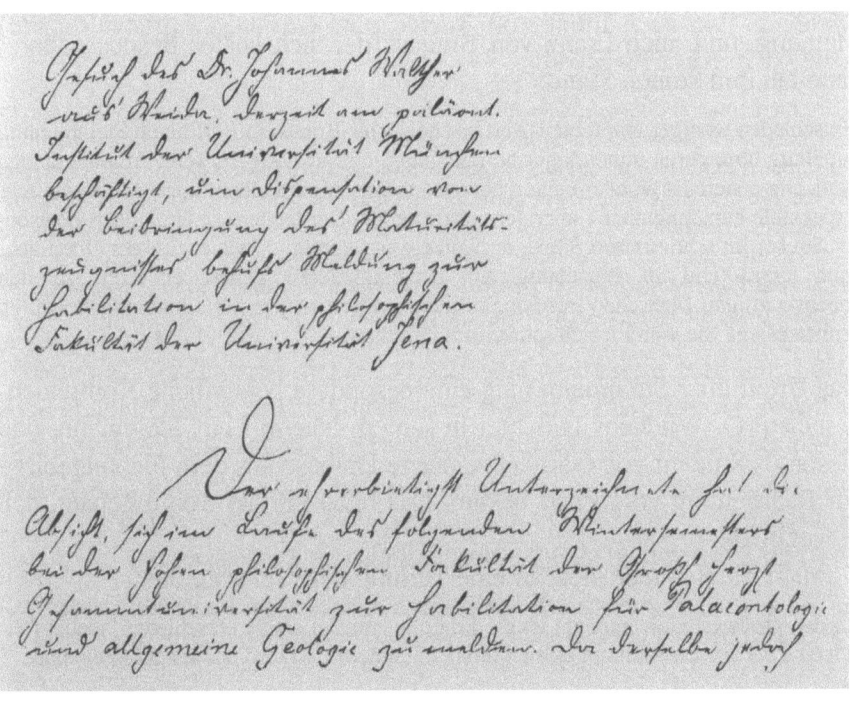

Abb. 6. Ausschnitt aus dem Habilitationsgesuch Walthers an die Philosophische Fakultät in Jena vom 22. Oktober 1885 [2]

gen der berühmten Gutachter, sondern auch wegen einiger später zu großen Ansehen gelangter Kandidaten, über die manches Amüsante zutage tritt, aufschlußreich. Sie sind darüberhinaus ein Beispiel für die Vorgänge im Vorfeld einer Berufung zu jener Zeit.

So erklärte Gümbel seine Empfehlung, zwei Lehrstühle, eventuell auch nur zwei Extraordinariate für die Fächer Geologie-Paläontologie und Mineralogie zu bilden (7):

...weil bei dem jetzt üblichen Bildungsgange unserer jüngeren Gelehrten, die gerne von der Schulbank auf die Lehrkanzel springen möchten und zu diesem Zweck sich möglichst bald und rasch sich in eine ganz besondere Specialität vertiefen, um darin zu excellieren und sich einen Ruf zu verschaffen, es ungemein schwierig ist, eine Lehrkraft zu gewinnen, welche die drei Einzelfächer Miner. Geol. und Paläont. auch nur einigermaßen befriedigend zu vertreten imstande ist.

Er lobte Carl Gottsche, 1879 in Kiel habilitiert, der als Nachfolger Edmund Naumanns die Professur an der Tokio-Universität übernommen hatte und nach einer sechsmonatigen Koreareise gerade noch geologische Aufträge auf den Bonin-Inseln erfüllte. Er sollte zu Ostern 1885 zurückkehren. Von Gustav Steinmann hatte er eine unfreundliche Meinung, und auch Franz von Branco (der sich später Branca nannte) hatte bei ihm keinen Stand:

Entschieden weniger empfehlenswert erscheint mir Branco in Berlin und Steinmann in Straßburg über deren mineralogische Begabung ich mir übrigens kein Urtheil erlauben kann. Der erstere ist wohl ein guter, aber etwas einseitiger Paläontologe, sonst eine sehr respektable Persönlichkeit – aber gern unzufrieden. Der letztere ist ein junger, brausender Streber im schlimmsten Sinne, deshalb etwas flüchtig. ... wie er fast ans Oberflächliche streift und in Beziehung auf Umgänglichkeit gehört er nicht zu den liebenswürdigen Menschen mit feinen Sitten sondern zu jenen die man ungehobelt zu nennen pflegt. Sie würden sich schwer mit ihm thun.

Das Urteil über Steinmann mag eine besondere persönliche Komponente haben. O. Wilckens berichtet in seinem Nachruf auf Steinmann, daß dieser als Student von Gümbel zersetzte Diabase aus dem Fichtelgebirge zur Bearbeitung vorgesetzt bekam. Das habe ihm so wenig gepaßt, daß er wegblieb.

Auch Zittel sprach sich für eine Teilung der Professur aus:

An den größeren Universitäten ist die Frage ... zumeist schon entschieden, wobei freilich eine der beiden Richtungen sich öfters mit einem Extraordinariat begnügen muß.

Auch er verwandte sich warm für Gottsche und nannte dann ebenfalls noch Branco und Steinmann, der vor allem durch seine große Südamerikareise rasch bekannt geworden war:

Steinmann ist vielleicht nicht ganz so begabt wie Gottsche, aber von einer seltenen Energie und Arbeitskraft. Er scheut vor keiner Aufgabe zurück und in der Regel rechtfertigt der Erfolg sein Selbstvertrauen. Ich wäre schon in meinem letzten Briefe entschiedener für ihn eingetreten, wenn ich bezüglich seiner mineralogischen Kenntnisse orientiert gewesen wäre. Über diese aber äußerte Groth sich höchst abfällig.

Branco ist neben Gottsche mein besonderer Liebling und steht mir persönlich sehr nahe. Er ist eine vornehm angelegte Natur und würde sich durch seine persönlichen Eigenschaften zum Mitglied der Jenenser philosophischen Fakultät besonders eignen.

Eher beiläufig wurde der mit großen Verdiensten aus Japan zurückgekehrte Edmund Naumann, Privatdozent in München, erwähnt. Auch auf Walther kam Zittel zu sprechen (8):

...sollte sich die philosophische Fakultät in erste Linie für einen Mineralogen und Krystallographen entscheiden, so würde Dr. Walther denselben in einiger Zeit gewiß ergänzen können. Ich verspreche mir viel von diesem frischen, ideenreichen jungen Mann. Er denkt selbständig und originell und ist von einem heiligen Eifer für die Wissenschaft durchglüht. Ich würde jedoch in seinem Interesse beklagen, wenn er jetzt schon anfinge zu lehren anstatt seine im Detail noch etwas lückenhaften Kenntnisse zu ergänzen...

Zittel griff im zweiten seiner beiden in dieser Sache geschriebenen Briefe (er ist als „vertraulich" gekennzeichnet) neben diesen Personalia auch eine allgemeinere Frage zur Erdwissenschaft der Zeit auf. Der Mineraloge Paul Heinrich Groth, erst seit kurzer Zeit in München, hatte sich umgefragt mit einer eigenen Beurteilung nach Jena gewandt, worauf Zittel vermerkt (9):

Mit seiner Äußerung, daß *alle* jüngeren Paläontologen *Nichts* von der Mineralogie verstehen, welche er in unzweifelhaft vorzüglicher und origineller Weise betreibt, schießt er vielleicht etwas über das Ziel hinaus, aber im Ganzen dürfte er nicht so ganz unrecht haben. Diese modernste Mineralogie ist nichts anderes als ein Stück Chemie und der Krystalloptik und hat nur noch sehr wenig mit der Geologie gemein. ...Ich glaube, daß das engbegrenzte und trockene Gebiet der Mineralogie durch diese rein chemisch physikalische Richtung etwas fruchtbareren Boden gewinnen wird, allein ich meine, die Ernte würde mehr der Chemie als der Geologie zufallen.

Damit hatte Zittel vorausschauend die kommende Entwicklung erkannt. Heute allerdings verdankt die Geologie der Mineralogie wieder sehr viel. Zuletzt die Stellungnahmen Richthofens (10), der über Steinmann Freundlicheres zu sagen wußte. Er lobte ihn nicht nur fachlich, sondern ergänzte: „Dazu ein prächtiger, liebenswürdiger Mensch."

Zu August Rothpletz:

Rothpletz liebt, soweit ich ihn kenne, überraschende Resultate, hat aber damit nicht sonderlich Glück, da sie gewöhnlich bald widerlegt werden.

Abweichend von Zittel und Gümbel über Gottsche, dem er fachliche Kompetenz einräumte:

...andererseits ist mir bei persönlicher Bekanntschaft seine eigne, sehr volle Überzeugung von seinen Talenten etwas störend gewesen.

Haeckel hatte auch Walther um seine Meinung zu einigen Kandidaten gefragt. Geschickt, wie er immer war, hatte er sich daraufhin mit Zittel besprochen (9):

...bin über St. [Steinmann] und Br. [Branco] von diesem orientiert. *Steinmann* ist wissenschaftlich sehr tüchtig, aber ein Proletarier, vermag kolossale Arbeitspensen zu leisten, aber für allgemeine Fragen hat er kein Interesse und keine Begabung.
Branco sehr bedeutende Arbeit über Cephalopodenontogenie [worauf das gegenwärtige System fußt] soll eine sehr angenehme liebenswürdige Persönlichkeit sein, Zittel sprach sehr warm von ihm.
Tietze ist der Schwiegersohn von Hauer, daher rasch in Amt und Würden, vermag brillant Aufsätze über unbedeutende Beobachtungen zu schreiben. Mojsisovics hält nicht viel von seiner wissenschaftlichen Begabung (11).
Uhlig ist mir als tüchtiger Forscher bekannt, sonst kann ich nicht viel von ihm sagen.
Böhm Berlin (Jude) ist ein ganz einseitiger Molluskenmann, der sich seit einigen Semestern in Berlin „habilitationshalber" aufhält, aber wegen gänzlichen Mangels an geologischer Bildung Schwierigkeiten findet. Persönlich sehr flott, guter Tänzer, Offizier, sonst kann ich nicht viel Rühmliches von ihm sagen. [Dies magere Urteil hinderte Walther einige Jahre später nicht, mit ihm im Kauskasus und Turkestan zu reisen; Kapitel 5.4].
Rothpletz kenne ich genau, er ist sehr kenntnisreich, aber etwas Krakehler, sodaß er, wie Zittel gestern noch sagte, auf jede Publikation Skandal bekommt und dadurch nirgens gut angeschrieben ist. Als Geolog und Paläontolog kann ich nur Rühmendes von ihm sagen. ob seine Persönlichkeit mit stark ausgeprägtem Selbstbewußtsein nach Jena paßt, möchte ich nicht ganz entscheiden. Zittel würde ihn ungern aus dem Institut verlieren.
Von den Candidaten scheint mir nach allem Branco der empfehlenswerteste, den Zittel gestern noch sehr rühmte dann Rothpletz... (26. Februar 1885).

Die Fakultät entschied sich auf der Grundlage der Gutachten Richthofens, Beneckes, bei dem Steinmann in Straßburg Privatdozent war und des Mineralogen Rosenbusch für Gustav Steinmann, der allerdings nur als Extraordinarius zum Wintersemester 1885/86 berufen wurde. Er war bereits im April des Jahres angeschrieben worden und hatte eine bedingte Zustimmung gegeben (11):

...wenn es mir auch vollständig unmöglich ist mit obigem Gehalte die Stellung anzunehmen – denn es würde für mich eine Verschlechterung meiner pekuniären Lage bedeuten... (23. April 1885).

Steinmann blieb dann nur wenige Monate in Jena, weil er einen Ruf auf das Ordinariat in Freiburg erhielt, aber in diese Zeit fiel Walthers Habilitation. Durch den Ruf an Steinmann, den er für einen Gegner seiner Habilitationspläne hielt, verfiel Walther in erneute Schrecken. Er schrieb an Haeckel, daß er über einen Freund von abfälligen Äußerungen Steinmanns über seine Arbeit gehört habe, dieser ihm zudem nicht sonderlich gewogen sei und sich auf seinen Eintritt in Jena nicht gerade freue. Das mag bei der Verschiedenheit der Charaktere nicht überraschen. Walther fürchtete nicht für die Beurteilung seiner Arbeit, die könne er verteidigen, sie sei auch von Zittel gutgeheißen worden:

...außerdem schrieb mir Zittel, der doch sonst so vorsichtig ist, trotz mancher Bedenken, riethe er mir doch nicht irgendwelche Veränderungen meines Mspt. [Manuskripts] vorzunehmen; ich hätte meinem Stoff Seiten abzugewonnen vermocht, die geeignet sind, hergebrachte Anschauungen zu erschüttern, doch solle ich ruhig drucken lassen. Doch auch ohne dieses Urtheils meines Lehrers hätte ich wegen der Arbeit keine Sorge....

Die Arbeit trägt den Titel: ,,Untersuchungen über den Bau der Crinoiden mit besonderer Berücksichtigung der Formen aus dem Solnhofener Schiefer und dem Kelheimer Diceraskalk." An Duisberg hatte er darüber bilanziert:

...Daß ich meine Habilitationsarbeit abgeschlossen habe, ist mir eine große Befriedigung; es steckt nicht sehr viele Mühe, aber eine ungeheure Anstrengung darin. Ich habe die schwierigsten zoologischen Probleme darin behandeln müssen, ich muß es aussprechen, daß die Grundlagen der gegenwärtigen Echinodermenmorphologie gänzlich verfehlte sind und kann diesen schroffen Ausspruch nur dadurch mildern, daß ich ausführe, wie praktisch sie sich bewährt haben und daß ich trotz ihrer Unkonsequenz für Beibehaltung derselben bin. Meine Arbeit weist die Unrichtigkeit von Haeckels Theorie nach, welche die Echinodermen aus 5 zusammengesetzten Würmern entstehen läßt und sie weist die Unrichtigkeit der Zittel'schen Systematik nach – das mit nicht zu verletzenden Worten zu sagen, meinen Standpunkt zu wahren und doch nicht den Schein der Undankbarkeit gegen meine beiden Lehrer auf mich laden zu müssen, das war eine gewaltige Schwierigkeit. Schließlich wollte ich aber auch jeden Anschein vermeiden, als ob ich ein neuerungssüchtiger Puritaner sein wolle – ich versichere Dir, es war gräßlich....
Daß sich die Arbeit über das Durchschnittsmaß paläontologischer Publikationen erhebt, ist selbstredend, aber ob sie Anklang findet, wer kann das wissen (27. Dezember 1885).

Anklang hat sie nicht überall gefunden, in einer späteren Beurteilung des Berliner Paläontologen Wilhelm Dames über Walther wurde sie verrissen (Kapitel 6.5).

Es muß hier dahingestellt sein, was an Walthers Arbeit brauchbar geblieben ist. Nicht durch sie jedenfalls waren seine Befürchtungen begründet, eher durch Prüfungsangst:

...Doch das andere ist das Colloqium. Hier wird doch S. [Steinmann] die entscheidende Persönlichkeit sein, und wenn er mir nicht geneigt ist, wenn meine Habilitation ihm unbequem erscheint, so wird ihm leichtfallen mir eine Niederlage zu bereiten. Und wenn der Fachmann dann sagt, er ist nicht genügend vorbereitet für die Lehrthätigkeit, so muß die Fakultät nach Recht und Gewissen gegen mich stimmen (22. Januar 1886 an Haeckel).

In diesem Falle würde er die Dozentenlaufbahn aufgeben müssen und als Privatgelehrter und Schriftsteller versuchen, eine Existenz aufzubauen.

Es wäre mir sehr schmerzlich einem Wunsche zu entsagen, der zwölf Jahre lang mich bei mancherlei Unglück immer wieder aufgerichtet und gestählt hat weiterzukämpfen. ...Allein die Blamage möchte ich mir gern ersparen... (derselbe Brief).

Schon im Oktober 1884 hatte er erwogen, im Falle einer Ablehnung seines Gesuches auf Reisen, nämlich nach Ägypten zu Georg Schweinfurth zu gehen, der ihn aufgrund seiner Kalkalgenarbeit eingeladen hatte, seine Studien am Roten Meer fortzusetzen. Jetzt, Ende Januar, kam er wieder darauf zurück und schrieb Haeckel, daß er entweder die schwebenden Verhandlungen herausziehen könne, indem er nach Neapel ginge (Steinmanns Berufung nach Freiburg war offenbar schon im Gespräch) oder der Fakultät mitteilen könne, daß er seine Meldung zurückziehe. Das Trauma seiner Vergangenheit hatte ihn noch einmal eingeholt.

Es gibt keinen Hinweis darauf, daß Steinmann Walther wirklich derart übel gesonnen war wie er glaubt. Er mag dessen derbe Art falsch eingeschätzt haben. Jedenfalls erhielt er zwei Tage nach dem zitierten Brief an Haeckel die Nachricht, daß Steinmann die Arbeit offiziell gutgeheißen habe. Am 3. Februar benachrichtigte Haeckel Walther von der Bewilligung seines Dispensationsgesuches für das Reifezeugnis (datiert vom 22. Oktober 1885!) und von dem inzwischen ergangenen Ruf an Steinmann. Nun ging alles schnell. Eine Woche später sollte bereits das Habilitationskolloquim stattfinden, nach dessen Einzelheiten Walther sich erst jetzt erkundigte:

...In Leipzig wird man drei Stunden examiniert, wie ich vernommen habe, aber welche Anforderungen Jena stellt, ... das ist mir nicht bekannt (an Haeckel, 4. Februar 1886).

Bei dem Kolloquium lobte Steinmann Walthers Arbeit, hob auch seine gewandte Diktion hervor, die ihn zu einer Dozentenkarriere befähige. Im Protokoll findet sich von Haeckel die Bemerkung:

Eine gewisse Neigung zu übereilten Schlüssen und dogmatischer Sicherheit dürfte nur als die Schattenseite seines lebhaften und vielseitig angeregten Wesens anzusehen sein (Uschmann 1959, S. 85).

Er hatte damit zwei Schwachpunkte getroffen, die Walther auch später manche Kritik eintrugen.

Das Kolloquium verlief erfolgreich. Die ausgestandenen Depressionen jedoch klingen noch nach in einem Brief an Duisberg:

...Ich lache manchmal über mich, wie schön ich es verstehe, mit leichten Worten eine schwere Lücke meines Wissens zu verdecken – aber ich sehe sie umso schärfer und möchte darüber weinen. Der einzige Trost bleibt mir, daß auch Andere Lücken ihres Wissens zeigen. Aber ein unnennbares Glück, daß ich kein Examen mehr zu bestehen habe – es kämen schlimme Dinge zutage... (28. April 1886).

Welcher Examenskandidat hat nicht schon solche Gedanken gehabt! Doch es war geschafft und mit dem Sommersemester 1886 begann seine Universitätslaufbahn, die sich mit den Unterbrechungen durch seine großen Reisen in den nächsten zwanzig Jahren in Jena abspielte.

5 Wissen und Erfahrung – Die großen Reisen

> "Science is not a heartless
> pursuit of objective information.
> It is a creative human
> activity, its geniuses acting
> more as artists than as information
> processors."
> *(Stephen J. Gould)*

Walther richtete sich also in Jena ein. Er wohnte im Schillergäßchen, nahe dem Institut. Zum Sommersemester hatte er zwei Vorlesungen angekündigt: „Spezielle Paläontologie der Mollusken und Brachiopoden", 2stündig, und „Ausgewählte Abschnitte der Entwicklungsgeschichte der Erde", 1stündig. Am 20. Mai hielt er seine Probevorlesung über „Die Geologie des Meeres."

Steinmann, der zum 1. April nach Freiburg gegangen und von dem Mineralogen Ernst Kalkowski (im Rang eines Ordinarius) abgelöst worden war, trauerte er nicht nach:

Mein Oberkollege Kalkowski ist ein höflicher Mann, den ich in meiner Richtung trefflich ergänze und mit dem ich daher vorläufig in angenehmster Weise zusammen bin... ich denke, daß ich mit Klugheit und Rücksicht mit meinem Kollegen gut auskomme. Ich verkehre jedenfalls lieber mit ihm als mit dem aufrichtig groben Steinmann, ein Mensch von einfachen Sitten und kanadischen Formen. Was hilft mir die Ehrlichkeit wenn sie grob ist und öfters verletzt als fördert (an Duisberg am 28. April 1886).

In diesem Brief vor Beginn seines ersten Dozentensemesters kam er noch einmal auf den schon berührten Widerspruch in seinem Wesen zu sprechen. Auf der einen Seite war das stille Leben eines Privatgelehrten sein Ideal, andererseits zog ihn sein Ehrgeiz zur öffentlichen Wirksamkeit:

Die stille Arbeit des Privatgelehrten ... wäre mein Ideal – wenn der Ehrgeiz nicht wäre. Das ist mein Dämon und ich bin sein Sklave. Was ich erringen will ... ist mir gar nicht klar, ich strebe nicht nach Rang und Ehren um dieser willen, aber erreichen will ich was, man soll mich verehren oder bekämpfen, ich will ein wissenschaftlicher Charakter werden, ein Forscher, den man tadelt und schmäht aber als Eigenart anerkennt. Seltsam ist mein Lebensweg bis heute gewesen – vor acht Jahren mistete ich den Kuhstall aus und weckte die Pferdeknechte. Damals stand ich freudlos und freundeslos in der Welt; ich wollte Privatdozent werden und mußte ackern, ich wollte studieren die großen Räthsel der Natur und mußte das Melkregister führen. Jetzt ist es freilich anders – aber ob ich jetzt die Bahn betreten habe bei der ich beharre, wer weiß es? ...Und meine Ziele – dazu brauche ich nebst vielem anderen 20 Jahre Arbeit und Erfahrung. Werde ich das durchführen können – das weiß ich noch weniger.... Wenn ich einem Geologen meine Ziele erzählen würde, so würde er lachen über den Menschen der das beweisen will was Niemand bezweifelt, was so klar vor Augen liegt, daß es sich keine Mühe geschweige eines Menschenlebens lohnt.

Seine Ziele – sie waren weit gesteckt: Was ihm vorschwebte, war, die Entstehung der Gesteine, in erster Linie der Sedimentgesteine, abgeleitet von den heutigen Vorgängen in ihrer jeweils einmaligen erdgeschichtlichen Bedingtheit und im Zusammenspiel mit der biologischen Evolution zu sehen und zu erklären. Lyells Aktualismus hatte zwar allgemeine Anerkennung gefunden, doch war die Beachtung der historischen Komponente der Geologie darüber vernachlässigt worden. Es ging ihm um die Synthese von Geologie mit den für diese anwendbaren biologischen Erkenntnissen. Damit kamen auch palökologische Gesichtspunkte zu ihrem Recht. Kurz, er erstrebte den Entwurf eines umfassenderen geologischen Weltbildes als es bis dahin bestand. Dieser großen, von der Zeit her gesehen möchte man sagen, visionären Schau auf die Geologie blieb er sein Leben lang verpflichtet. Ihr hat er alle Gedanken, Befunde und Methoden ein- und untergeordnet.

Das Ziel war – offenbar schon seit Jahren – anvisiert, nun ging es um den Weg zu umfassenderem Wissen und Erfahrung. Das bedeutete für Walther: Reisen und wieder reisen, um die Welt der Geologie in der Geologie der Welt zu erfassen und zu interpretieren. So begann mit dem Ende des Sommersemesters 1886 die Phase seiner großen Reisen.

5.1 Sinai und Ägypten

In seiner Absage auf die Aufforderung Dohrns, wieder in Neapel zu arbeiten (S. 21) schrieb Walther im Juni 1886, daß er in den Semesterferien nach Skandinavien gehen und dort Küstenstudien treiben wolle, um mehr Vergleichsmöglichkeiten zu gewinnen. Er verbrachte mehrere Wochen an den schwedischen Küsten und auf Gotland. Doch war diese Reise eher ein Zwischenspiel, denn sein Blick war bereits nach Ägypten gerichtet, seit Schweinfurth ihn zur Fortsetzung seiner Riffstudien am Roten Meer aufgefordert hatte. Die Arbeit mit Mojsisovics in den alpinen Riffkalken hatte ihm weiteren Antrieb zu Untersuchung lebender

Riffe gegeben. Er wollte zur Sinai-Halbinsel, nach Thor. Die Riffe dort, nahe der Südspitze, waren beinahe schon ein klassischer Ort für deutsche Naturforscher. Christian Gottfried Ehrenberg hatte auf seinen Reisen 1820-1826 die Riffe studiert, Oscar Fraas war im Sinai gereist, und vor allem Haeckels begeisterte Schilderungen seines Besuches 1873 haben Walther veranlaßt, gerade dieses Ziel zu wählen. Der Reiseplan fand Befürworter in Ferdinand von Richthofen und dem Afrikaforscher Gerhard Rohlfs. So konnte Walther eine Teilfinanzierung durch die Königlich Sächsische Gesellschaft der Wissenschaften zu Leipzig erreichen, die ihm dafür einen Anteil eines Legates überließ. Anscheinend erhielt er auch einen Zuschuß aus Mitteln der Karl-Ritter-Stiftung. Den Rest zahlten die Eltern. Die Reise wurde auf fünf Monate angelegt und sehr sorgsam vorbereitet.

Anders als bei Haeckel, der seinerzeit sehr nobel auf Einladung des Khedive mit einem Kriegsschiff von Suez nach Thor gelangte, war Walthers Reise dorthin mit dem Kamel geplant. Er wollte nicht nur die Riffe, sondern auch die Geologie der Sinai-Küstengebiete kennenlernen.

Im Januar 1887 brach er auf. Kurz vorher gab Haeckel noch erfahrenen Rat mit auf den Weg:

Bei ihrem lebhaften Naturell empfehle ich Ihnen im Orient eine gute Dosis orientalischer Ruhe und Überlegung! Nur keine Überstürzung! (Walther 1953, S. 75).

Walther wurde in Kairo von Georg Schweinfurth, der durch seinen Vorstoß nach Innerafrika (1869-1870) bereits weltberühmt war, freundlich empfangen und in die Arbeits- und Lebensweise eines Naturforschers in der Wüste eingeführt. Die beiden Männer müssen rasch guten Kontakt zueinander gefunden haben und blieben lebenslang in Verbindung. (Schweinfurths Postbuch verzeichnet den letzten Eingang von Walther am 25. September 1924. Es endet am 30. September des Jahres; Privatbesitz Prof. Dr. E.W. Guenther, Ehrenkirchen). Schweinfurth, der viel in der Gegend von Heluan kartierte, hat später in seinen Karten ein Wadi dort „Waltherthal" genannt – ein Name, den der Wüstenwind inzwischen lange verweht hat.

Daß Walther den um zwei Jahre jüngeren Schweizer Alfred Kaiser als Reisebegleiter gewann, geschah wohl auch durch die Vermittlung Schweinfurths. Dieser, ein naturbegeisterter Autodidakt, der später in Thor ein privates Forschungslabor gründete und den Sinai unermüdlich durchstreifte, lebte bereits seit 1884 in Kairo und bot sich reisenden Na-

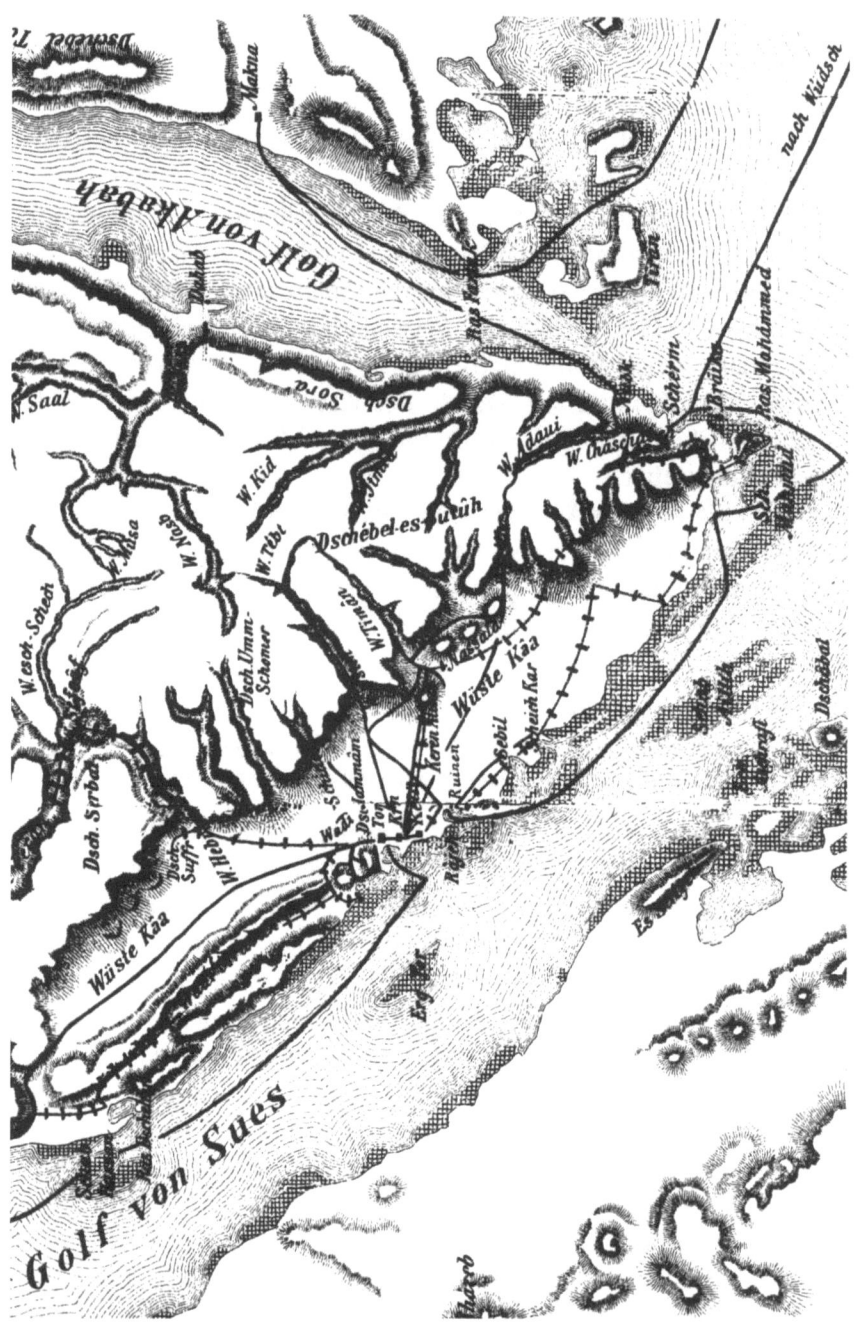

Abb. 7. Ausschnitt aus der Karte der Sinai-Routen von Alfred Kaiser. Die Route, die er mit Walther nahm, ist mit Querstrichen gekennzeichnet (▨ = Korallenriffe) [Kaiser 1889]

turforschern als Führer an. Er war vor allem ornithologisch bewandert (Schweizer 1930, S. 233-244). Kaiser übernahm die Verantwortung für alle organisatorischen Fragen, war für das Gepäck zuständig, bestellte die Kamele und die Beduinenbegleiter, mit denen sie von Suez aus südwärts reiten wollten. Solchermaßen gerüstet, brachen die beiden jungen Männer am 15. März nach Suez auf, setzten am 18. über den Kanal und zogen mit fünf Kamelen südwärts. Alfred Kaiser hat in einem tagebuchartigen Bericht für die St. Gallische Naturwissenschaftliche Gesellschaft 1889 die Route beschrieben und auf einer Karte dargestellt (Abb. 7).

Danach folgten sie also der Karawanenstraße bis El Marchai, umgingen dann ostwärts den 2000 Meter hohen Djebel Serbat und machten für Korallenstudien in Krum, einem Dörfchen südlich von Thor, Station. Von dort zogen sie mit neuen Kamelen bis zur Südspitze des Sinai. Diese Südspitze, Ras Muhamed, wurde gerade erst zum ägyptischen Nationalpark erklärt, 200 000 Touristen werden jährlich gezählt. Die Riffe von Thor (dem heutigen El Tûr) wurden dann auf dem Rückweg mehrere Tage lang studiert. Kaiser vermerkte genau, welche Tiere gesichtet (auch geschossen) und welche Pflanzen angetroffen wurden, daß ein Lastkamel scheute, die Steinhütten der Anachoreten auf der Paßhöhe am Djebel Serbat gefunden wurden, am 30. März der erste Storchenzug nach Norden zu sehen war und daß es zum Geburtstag des Fürsten Bismarck am 1. April ein kleines Sektgelage gab. Dagegen hatte er, der einen deutschstämmmigen Vater hatte, anscheinend nichts einzuwenden.

Walthers Berichte dagegen befassen sich kaum mit den Etappen, sondern mit den Ergebnissen. Er hat die ganze, rund 600 Kilometer lange Route geologisch kartiert. Die Karte ist der sehr schön ausgestatteten Arbeit „Die Korallenriffe der Sinaihalbinsel" (1888 a) beigefügt, die auch Landschaftsaquarelle Walthers enthält. Die Erscheinungen der Wüste, die er nun, seit dem ersten Eindruck 1884 in Tunis erst wirklich erlebte, fesselten ihn so, daß er ihnen in der Arbeit mehr Raum gibt als der Titel und die Fragestellungen, die der Arbeit vorangestellt sind, vermuten lassen. Diese waren auf die Riffe ausgerichtet. Er beachtete jedoch auch die Tektonik der Küstengebirge, vor allem aber fesselten ihn die täglichen geologischen Vorgänge in der Wüste, die Verwitterung und die Abtragung. Dabei achtete er auf alle Kleinigkeiten, zum Beispiel auf die unterschiedliche Erhaltung der Nabatäer-Inschriften auf der Süd- und Nordseite von Felsen – sie sind auf der Schattenseite weniger verwittert. Er erkannte, welche wesentliche Rolle der Wind bei der Abtragung spielt (maß ihm aber eine allzu weitgehende Bedeutung bei). Das Erlebnis eines Gewitters in einem Wadi erhellte ihm die Bedeutung der Sturzfluten.

Sogar die Taumenge beobachtete er – nur an sechs von 70 Tagen gab es Tau und daher wenig chemische Verwitterung. An der Form der Sandkörner wurde studiert, ob sich aus ihr die äolische Herkunft ableiten ließe, eine Idee, die auf Zittels Ergebnissen bei seiner Lybienreise fußt. Dies waren Bemühungen, die erst von André Cailleux in den 30er Jahren unseres Jahrhunderts systematisch weitergeführt wurden. Schließlich entdeckte er, wie Leopold von Buch seinerzeit auf den Kanaren, rezente marine Ooide, zunächst nur in einem Rinnsal am Rande eines Wadis, grub nach und verfolgte sie bis ans Meeresufer, wo er sah, daß der Meeresboden von ihnen bedeckt war. Die Ooide am Wadi mußten also durch den Wind dorthin gekommen sein. Er ließ sie nach der

Abb. 8. Profil durch die Ostseite der Südspitze des Sinai (Ras Muhamed; s. Abb. 7), einem Gebiet mit besonders reichen Korallenriffen. Walther stellte hier vier Riffgenerationen auf schräggestellten Kalken (1) fest: Zwei durch Hebung über den Meeresspiegel abgestorbene (4 und 5), das rezente Riff (2), fünf bis acht Meter breit, in ein bis zwei Metern Wassertiefe, so daß man bequem darin arbeiten kann. Schließlich, sechs Meter tiefer, ein weiteres abgestorbenes Riff (3), für dessen Absterben man an den postglazialen Meeresspiegelanstieg denken muß [Walther 1888 a, Abb. 20]

Heimkehr analysieren. Über ihre Entstehung vermutete er nur, daß die Verwesung der auffallend vielen Tierkadaver in diesem Küstenbereich eine Rolle spielen könnte. Obwohl einige Einzelheiten der Ooidentstehung auch jetzt noch nicht vollständig geklärt sind, weiß man, daß Tierkadaver dabei keine Bedeutung haben. Dagegen ist eine Übersättigung des Meerwassers durch Kalziumkarbonat, Temperaturen über 20 °C, eine etwas erhöhte Salinität und Bewegung des Wassers bei sehr geringer Tiefe Voraussetzung zur Bildung. Eine organische Beteiligung dabei ergibt sich aus Funden von Blaugrünalgen in unregelmäßig angelegten Ooidhüllen (Photosynthese).

Dann die Riffe: Die beiden jungen Naturforscher befuhren sie mit den Booten der Einheimischen, loteten und dredgten mit einer eigens dafür präparierten, besonders hartwandigen Eimerdredge (dredgen bedeutet das Ziehen eines geeigneten Behälters über den Meeresboden, um darin die Sedimente und auch die bodenlebenden Organismen aufzufangen). Schaumgummi-Tauchanzüge gab es vor 100 Jahren nicht. Die Ausrüstung war einfach: Bastschuhe für die Füße, die Beine wurden zum Schutz gegen Seeigelstacheln und die scharfen Riffkanten bis zum Knie mit Binden umwickelt.

So stiegen sie ins Wasser, in dem sie mehrere Tage lang, oft bis zum Halse darin watend, vier bis fünf Studen unterwegs waren. Walther meinte, es sei angenehmer gewesen, als in der Hitze an Land. Die arabischen Taucher brachten hoch, was sie erreichen konnten und verstanden nicht, warum Walther so gern abgestorbene Korallenstücke haben wollte. Im Hinterland von Thor befinden sich in zwei Stufen gehobene fossile Riffe. Mit ihrer Hilfe versuchte Walther, die älteren Küstenlinien zu rekonstruieren.

Die Ausbeute war also reich, als sie den Rückweg antraten, den sie nun nur zu zwei Dritteln über Land zurücklegten. Bei Abu Ssenime mieteten sie eine Dhau, die sie über das Meer nach Safardanan bringen sollte, wo sie mit Schweinfurth verabredet waren. Doch das Wetter war stürmisch und die Überfahrt gestaltete sich schwierig. Sie brauchten fünf Tage für die 40 Kilometer, weil sie vor dem Wind kreuzen mußten. So konnten sie erst am 24. April dort landen, wo sich ihre Wege trennten. Kaiser brachte das Gepäck und die Gesteinskisten auf Kamelen nach Suez zum Verladen, während Walther und Schweinfurth am nördlichen Galalaplateau weiterarbeiteten (Abb. 30). Bei der Untersuchung des nubischen Sandsteins kam Walther auf seine neuen Vorstellungen über wüstenhaftes Klima bei der Bildung des deutschen Buntsandsteins. Im übrigen sammelte er Fossilien, über deren karbonisches Alter er später eine Arbeit veröffentlichte (ein besonders stimmungsvolles Landschaftsaquarell aus dieser Zeit befindet sich im Geologischen Institut der Universität Erlangen). Am 11. Mai erreichten sie den Nil bei Beni Suef. Auf einigen Umwegen über den Balkan kehrte Walther schließlich Mitte Juni nach Jena zurück und resümierte in einem Brief an Duisberg:

Daß ich auf meiner 22-wöchentlichen Reise viel Schönes gesehen (zurück über Athen, Konstantinopel, Pest) reiche Schätze in Resultaten erarbeitet, liebe und interessante Menschen kennengelernt und bei mancherlei Gefahren unsägliches Schwein entwickelt habe, wirst Du Dir denken können. Raubanfall in Kairo, Sturz vom Kamel, beinahe ertrunken, Sonnenstich – die Worte sagen genug. Nun bin ich gesund heimgekehrt, habe alle Hände voll zu publizieren und kann befriedigt sagen, daß ich vorläufig genug gesehen habe. Meine Lehrjahre sind herum, jetzt kommen wesentlich Literaturstudien und dann beginnt der lustige Krieg mit den Windmühlen! oder Windmachern – wie Du willst.
Ich lese in diesem Semester zweistündig dynamische Geologie. Das wird eine Lust, nachdem ich Gebirge, Meeresgrund, Wüste, Vulkane, Gletscher, Korallenriffe etc. etc. aus eigener Anschauung kenne. Dazu 3 st. Palaeontologie (21. Juli 1887).

Die Sinaireise gab ihm so viele neue Anregungen, daß die Wüstenstudien vor der Meeresgeologie zunächst den Vorrang gewannen. Er selbst schrieb später dazu, daß er die Aufgabe gesucht habe, „die Geschichte des Lebens von der leblosen Wüste aus zu betrachten und die rätselhaften Unterbrechungen der Lebensfolgen in den geologischen Zeitwenden zu verstehen." – Man könnte sagen: eine Aufgabe für seine Intuition.

Daß er nun genug gereist sei, war sichtlich nur eine Floskel, denn im gleichen Brief schrieb er, daß er nach Danzig gehen würde, um die ostpreußischen Dünen zu sehen, und schon im nächsten Jahr trat eine neue große Reise in sein Blickfeld.

5.2 Indien

Während der nächsten zwei Semester blieb Walther in Jena. Wie schon früher, traf er sich wieder für ein paar Tage mit Duisberg, bevor er sich an die Ausarbeitung seiner Reiseergebnisse machte, die in rascher Folge publiziert wurden. Sein Arbeitspensum war groß, nur der Erfolg ließ manchmal auf sich warten: „Ich bin ein gehetztes Wild. 7 Stunden Colleg (in jedem sitzen 3 ganze hungrige Personen)" (29. Januar 1888).

Nach der Freude auf diese Vorlesungen (S. 44) muß das freilich enttäuschend gewesen sein. Doch hatte sich immerhin im Oktober ein Lehramtskandidat (Carl Kolesch, der später mit einigen paläontologischen Arbeiten hervortrat) mit der Frage um ein Thema an ihn gewandt. Er übertrug ihm die Bearbeitung der Seeigel aus den Riffkalken von Pößneck. Nach dem Sommersemester 1888 ging er nach England, um am Internationalen Geologenkongreß in London teilzunehmen, der am 13. September begann. Er nutzte diese Gelegenheit, um vorher nach Edinburgh zu fahren, wo die großen Sammlungen der „Challenger"-Expedition von 1872-1876 ausgestellt waren, die er studieren wollte. John Murray, der Herausgeber des „Challenger"-Werkes und Haeckel standen wegen der Bearbeitung der Radiolarien der Expedition durch Haeckel seit langem in enger Verbindung. So wurde Walther freundlich aufgenommen. Dort traf er im Museum den französischen Geographen und Ozeanographen Julien Thoulet aus Nancy. Murray nahm beide zu längeren Studienfahrten auf seiner Yacht „Medusa" entlang der britischen Westküste mit. Walther an Haeckel: „Er hat mich unendlich gefördert." Seine anschließende Reise nach Irland und zur Insel Arran fand er weit interessanter als den Kongreß:

Der Congreß ist, wie manche solche Veranstaltungen für einen homo novus nicht besonders interessant (an Haeckel, 21. September 1888).

Aus London kam er gerade rechtzeitig nach Hause, um auf Schloß Aprath am 29. September Duisbergs Hochzeit mit Johanna Seebohm, der Nichte des Aufsichtsratsvorsitzenden der Bayer-Farbwerke, Carl Rumpff, mitzufeiern. Carl Rumpff war ein sehr vermögender, vielseitig tätiger Mann. Er war Direktor der Zeche Holland in Wattenscheidt und seit Januar 1888 Landtagsabgeordneter in Berlin. Walther hatte ihn schon bei früheren Besuchen bei Duisberg in Wuppertal kennengelernt. Duisberg wird dem Onkel seiner Frau Gutes über seinen Freund berichtet haben, und vielleicht taten Walthers Reiseerzählungen bei dieser Hochzeitsfeier ein übriges. Jedenfalls schlug Rumpff ihm vor, ihn auf einer Indienreise im kommenden Winter zu begleiten. Walther war natürlich hingerissen von dieser Chance. Ihm fiel hier unverhofft in den Schoß, was Schweinfurth einmal seinem Neffen, dem Zoologen Konrad Guenther als Ratschlag zur Finanzierung großer Reisen empfahl (12):

Man nimmt sich einen jungen, reichen Jagdliebhaber, denselben als Zoologen begleitend (denn er will doch unterrichtet sein). So haben es viele gemacht. Gibt es bei Euch gar keine geeigneten „Kräfte" zur Fortbewegung in den Tropen?

Nun, jung war Carl Rumpff nicht mehr und vielleicht auch kein Jagdliebhaber. Doch er war ein großer Naturfreund, und es lockte ihn, noch einmal eine ganz fremde Welt zu erleben. Walther also war Feuer und Flamme. Doch sein Vater meldete Bedenken an, ob diese erneute, wiederum auf mehrere Monate angelegte Reise seinem Ansehen in Jena nicht abträglich sein könne, fiele er doch wieder für ein Semester aus. So fragte Walther Haeckel nach seiner Meinung. Dieser teilte offenbar die Bedenken des Vaters, denn Walther erläuterte ihm in einem weiteren Brief, weshalb er so gerne nach Indien ginge:

Wenn auch die Voraussetzungen der Reise (alles frei, in Gesellschaft eines befreundeten Mannes und ohne jede Verpflichtung) die denkbar günstigsten sind, so sind mir Ihre Rathschläge doch so wichtig, daß ich Ihren Rath befolge und bleibe.

Ich möchte nicht von Ihnen falsch beurteilt werden und Ihnen mit wenig Worten sagen, weshalb ich gern nach den Tropen gegangen wäre.

Die Mehrzahl paläozoischer und mesozoischer Ablagerungen in Europa tragen tropische Charaktere, die Literatur ist ein kläglisches Surrogat um daraufhin die versteinerten Reste tropischen Lebens kritisch würdigen zu können. Ich kann diese Arbeit nicht beginnen, ehe ich die Tropen mit eigenen Augen gesehen und auf manche Kleinigkeiten dort geachtet habe, die bisher gänzlich übersehen wurden. Indem ich jetzt verzichte in die Tropen zu gehen, muß ich auf mehrere Jahre hinaus darauf verzichten, tropische Sedimente in den Kreis meiner Untersuchungen zu ziehen, Solnhofen, der schwäbische Jura, die Eifel etc. mit ihren hochinteressanten biologischen Problemen dürfen noch nicht angegriffen werden. Sie verstehen nun, weshalb es mich so in die Tropenmeere treibt. Aber die Gründe, welche Sie mir darlegen und die Rathschläge, welche Sie mir geben, sind mir zu schwerwiegend, als daß ich daraufhin meine Eltern drängen könnte, mich jetzt fortzulassen. Ich vertraue zu sehr auf das wohlwollende Interesse das Sie mir so oft bewiesen haben, als daß ich gegen Ihren Rath handeln möchte (16. Oktober 1888).

Die Befolgung dieses Rates schien besonders deshalb vernünftig, weil sich die Beziehungen zu Walthers mineralogischem Ordinarius, Kalkowski, inzwischen getrübt hatten. Dieser hatte ihm die Arabienreise bereits geneidet und seine lange Abwesenheit verübelt. Er hatte die ganze Arbeit – allerdings auch das ganze Salär. Wegen dieser Mißstimmung wäre Walther dem Wintersemester gern aus dem Wege gegangen, obwohl dies ja keine Lösung der Schwierigkeiten bedeutet hätte.

Es kam aber doch anders. Walther hoffte, daß Rumpff vielleicht bereit wäre, die Reisepläne um ein Jahr zu verschieben. Doch dieser lehnte das ab und drängte zu rascher positiver Entscheidung. Vielleicht spürte er bereits, daß seine Gesundheit nachließ. Er hing so sehr an dem Plan dieser Reise, daß er sie sobald als möglich, das hieß, schon im November, antreten wollte. Er besuchte Walther am 26. Oktober um Einzelhei-

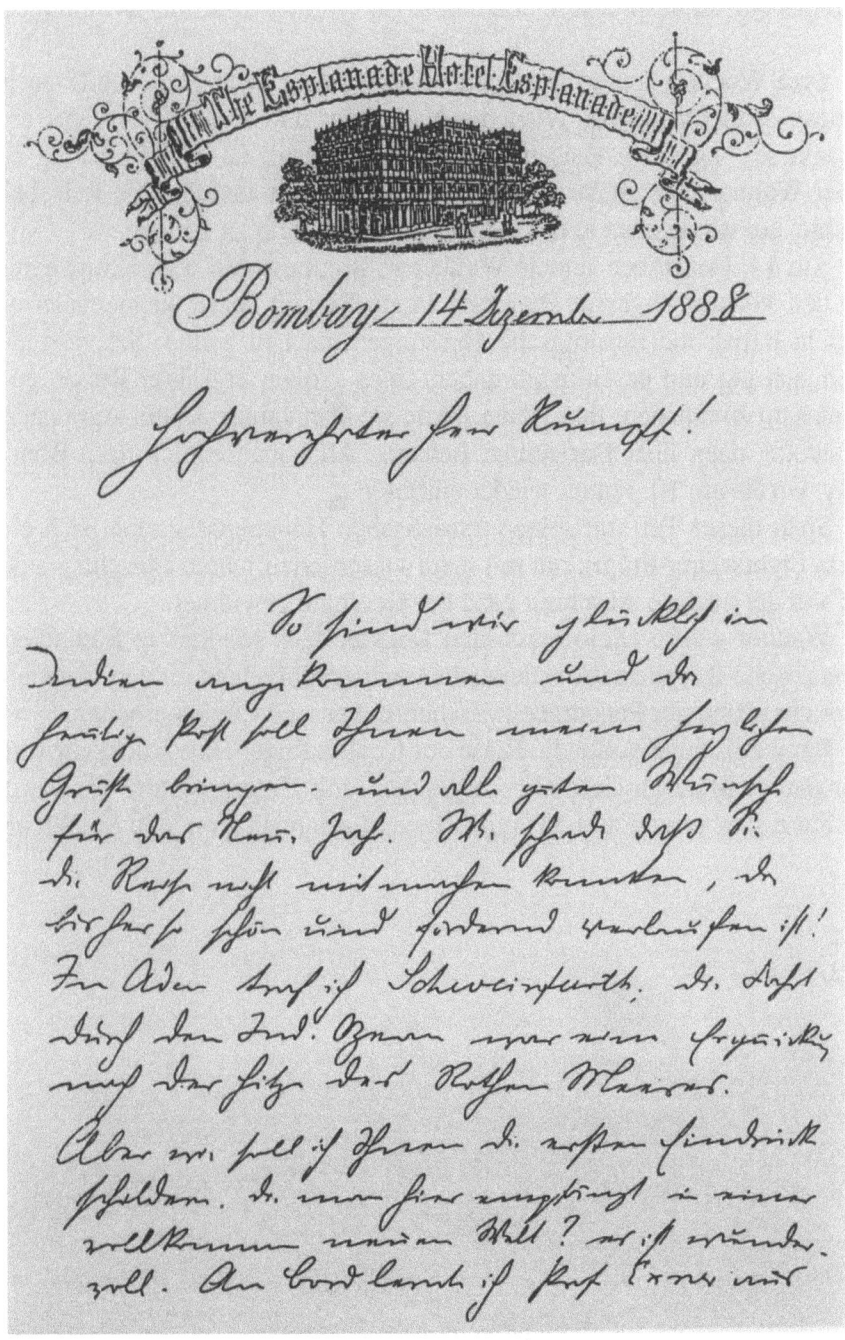

Abb. 9. Ausschnitt aus einem Brief Walthers an Carl Rumpff, den Förderer seiner Indienreise

ten mit ihm zu besprechen, und nun sagte Walther trotz aller Warnungen zu.

Drei Wochen später, er war bereits auf dem Weg zum Schiff nach Triest, erreichte ihn in Wien die Nachricht, daß Rumpff ernsthaft erkrankt sei und seine Reisepläne aufgeben müsse. Großzügig schlug er aber Walther vor, allein zu reisen. Er bat nur um ausführliche Reiseberichte, um wenigstens in der Vorstellung dabei sein zu können.

Am 14. Dezember landete Walther in Bombay. Auf dem Schiff hatte er den Wiener Physiker Professor Franz Serafin Exner kennengelernt, der in Indien meteorologische Messungen machen wollte. Sie verstanden sich gut und beschlossen daher, einen großen Teil ihrer Reisen gemeinsam zu machen. Ihre Route führte sie über Jaipur, Delhi, Agra nach Kalkutta, dann über Darjeeling, Benares, Allahabad zurück nach Bombay, wo sie am 10. Januar wieder eintrafen.

Sieht dieser Teil mit seinen touristischen Höhepunkten eher nach einem Sightseeing-Programm mit naturwissenschaftlichem Einschlag aus, so war der nächste Abschnitt ganz der Geologie gewidmet.

Walther wollte allein durch den Dekkan nach Madras, in Südindien kretazische Korallenriffe untersuchen und anschließend an den rezenten Korallenriffen der Palkstraße zwischen Indien und Ceylon arbeiten.

Ihren Abschluß sollte die Reise auf Ceylon finden. Die Rückkehr war für den 1. März ab Colombo vorgesehen, mit Unterbrechung der Fahrt in Suez, weil er von dort aus mit Schweinfurth noch einmal in die Wüste

Abb. 10. Eine Aufschüttungsebene des Gangesdeltas [Walther 1893]

gehen wollte. Anfang April sollte die Heimkehr über Neapel und Rom stattfinden. Es ist dies die einzige große Reise Walthers, von der verschiedene Briefe erhalten sind (an seine Eltern, Rumpff, Haeckel). Vieles ist nur stichwortartig skizziert, man spürt die Eile des Schreibers. Doch geben sie eine gute Vorstellung von der Art des Reisens im indischen Kolonialreich am Ende des vorigen Jahrhunderts. An Carl Rumpff war ein Brief aus Darjeeling ausführlicher (6):

Nach den etwas anstrengenden Nachtfahrten und den staubigen Straßen in Bengalen sind wir hier entzückt von der herrlich reinen Luft und den großartigen Urwäldern. Zwar haben wir häufig Nebelwolken, aber wenn sie zerreißen und die schneeglänzende Kandjindjenka herüberblickt, dann ist man verblüfft von der Schönheit und Großartigkeit des Gebirges. Die vielen Spazierwege auf trefflichen Ponys zu durchreiten, gewährt uns hohes Vergnügen und überall sehe ich Neues und Interessantes. Baumfarne und Lianen, Kletterpalmen und Rhododendronbäume sind verwebt von undurchdringlichem Buschwerk und 2000' tief fällt der Abhang ins Thal hinab.

Die Bahn hier herauf ist wohl der kühnste Bau der Art. 2' Spurweite, Curven von 10 m Halbmesser und dabei sausende Geschwindigkeit. Morgen werde ich mit Prof. Exner zu der hängenden Grasbrücke und dem Lamakloster reiten... (30.Dezember 1888).

Den ausführlichen Bericht über den Weihnachtstag in Benares gab Walthers Vater an die Weimarische Zeitung (13). Auf solche touristischen Eindrücke folgten andere (aus Paumban an der Adamsbrücke an die Eltern (6):

Trichinopoly (Tritschi) berühmte Pagode auf steilem Felsen (s. Wends Bilderatlas). Collector gibt mir Amtsdiener mit auf d. Reise. Abends mit zwei Ochsenkarren ab, ziemlich gut geschlafen. Vormittag 10 Uhr:

Utatur halbverfallenes Rasthaus, doch richte ich mich wohnlich ein, Bürgermeister und Ältesten besuchen mich mit Musik und Tänzerinnen, mit Fackeln zum Gegenbesuch abgeholt und mit Tusch empfangen. Interessante Korallenfelsen. Von jungem Brahmanen begleitet, der mir viel über Religion erzählt. Mit meinen Ochsen nach Perambalur, Marabattur, Ariatur, Culligudy und nach acht Tagen nach Trichy zurück.

27. früh mit Ochsenkarren ab, alle 15 km neue Ochsen, nach 30 Stunden Fahrt durch interessante Dörfer nach Ramnad; neuer Wagen und fast ohne Weg durch Sand und Morast nach der See, wo ich heute früh 8 ankam. Seebad, Suppe gekocht. 30 Wagen Pilger kommen an. Im Boot nach Paumban. Der Brief des Collectors machte mich, wie schon oft zum Gegenstand größter Aufmerksamkeit und erfüllt alle Wünsche noch ehe man sie ausspricht.

Hier, wie in den meisten wichtigen Orten hat die Regierung ein Haus gebaut, für Beamte und Fremde, Speisen bringt man mit. Meine Stimmung ist voll befriedigt, weil ich die schlimmen Wochen meiner Reise hinter mir habe und ein tüchtiges Pack[e]t wissenschaftlicher Resultate besitze.

Hier bin ich ganz überrascht von der Schönheit des versteinerten Riffes, welches gleich unter meinem Garten an der See auftritt und sich meilenweit verfolgen läßt....

Ich habe in den 3 Wochen viel hinter mich gebracht und muß mir jetzt einige Erholung gönnen (29. Januar 1889).

4.2. früh 1 Uhr. Um mir die schlaflose Zeit zu kürzen, setze ich jetzt meinen Brief fort. Ich bin nämlich von einem zwar unbedeutenden, aber recht unangenehmen Übel geplagt, die sog. Prickelhaut. Man bekommt hunderte von Hitzepickel auf Beinen und Armen, die entsetzlich jucken.... So wandle ich zwar ungestraft, aber nicht ungefleckt unter Palmen. ...Käfer gibt's nicht. Einen fand ich in der Suppe, einige im Bett, aber auf dem Land sah ich nur einen Mistkäfer (17. Februar 1889).

Inzwischen war in Jena eingetreten, was Walthers Vater befürchtet hatte. Die neuerliche Reise seines Sohnes hatte Verdruß oder Neid erregt. In der Jenaer und vorher in der Weimarischen Zeitung war eine Mitteilung über eine angeblich geplante Nordpolreise von ihm erschienen, „die ihn während des Sommer- und Wintersemesters in eisigen Regionen festhalten dürfte." Walthers Vater fragte deshalb besorgt bei Haeckel an, ob er eine Richtigstellung veranlassen solle (14):

Als einen harmlosen Bierwitz kann ich das doch nicht nehmen, dazu ist es zu absichtlich formuliert – vielmehr als ein verdeckter Angriff und Verdächtigung seiner akademischen Stellung wollte es mir erscheinen.

Natürlich wollte er dem Sohn vor dessen Heimkehr nichts schreiben, weil er ja von unterwegs nicht darauf eingehen könne „wenngleich er seinen Schützen kennt." Es muß dahingestellt bleiben, ob dieser Schütze Kalkowski war. Es mag in Jena auch andere gegeben haben, die ihm etwas versetzen wollten.

Walther war inzwischen ganz unbelastet von solchen Sorgen auf Ceylon gelandet und erstattete Haeckel in einem Geburtstagsbrief aus Nurellia Bericht. Wie immer, gibt auch dieser Brief an seinen Lehrer fachlich am meisten her:

Gestern trank ich mit meinem Reisebegleiter, Prof. Exner (Physiker) aus Wien auf Ihr Wohl und sende Ihnen heute aus dem erfrischenden Rhododendron und blühenden N. [urellia] meine herzlichsten Glückwünsche zu Ihrem Geburtstage. Beifolgende Nurelliablümchen mögen Ihnen ein Gruß Ihres Ceylon sein. Meine Arbeiten sind abgeschlossen und mit glücklichem, befriedigtem Sinn genieße ich die Pracht Ceylons. Ich hätte Ihnen so gern einmal in dem letzten Monat geschrieben, allein der war an Strapazen und Arbeit so reich, daß ich kaum meinen Eltern mehr als einen kurzen Gruß senden konnte.

Nachdem ich von Darjiling zurückgekommen war, ruhte ich im Bungalow deutscher Freunde am Malabar Hill 5 Tage aus und fuhr nach Madras, von da nach Trichinopoly. Dort begann meine 9 tägige sehr anstrengende Ochsenkarrenfahrt durch die Kreidekorallenriffe von Utatur, Maravattur, Cullygoody. Der Collector hatte mir einen Amtsdiener mitgegeben, mein Butler zeichnete sich durch allerlei Kochkünste aus und die guten Tamilen überschütteten mich mit Freundlichkeiten, allein es war doch oft recht anstrengend. Die seit 1860 nicht untersuchten Riffe waren sehr interessant, Gneisblöcke im Riffkalk, und Austern auf der versteinerten Gneisküste. Metamorphosen der Sedimente sehr lehrreich. Nachdem ich den alten Tempel in Trichy angesehen, fuhr ich nach Madura, sah die großartigste Pagode Indiens und fuhr im Ochsenwagen (Relais) in 72 Stunden bis zur Paumbanstraße, wo ich nach Paumban übersetzte. Was ich auf dieser Insel an lebenden und fossilen Riffen gesehen habe, übertraf meine kühnsten Träume. Das lebende Riff in verschiedenen Stadien des Absterbens mit Poritesthürmen von 2 m Höhe und 5 m Durchmesser! ich ließ zwei Tage tauchen und habe 11 kleine Kisten voll Korallen. Am Ufer viel Spirula, Janthina, Rhizalia (massenhaft).

Rings um die Nordhälfte der Insel zieht sich 2-3 m hoch eine fossile Riffterasse, welche ebenso große Porites und eine reiche Fülle anderer Korallen bot, sodann ein sehr interessantes fossiles Kalkalgenlager mit Korallen. Aber das tollste ist, daß dieses subfossile Riff sich fortsetzt in eine Riffmasse, welche zu einem rothen Marmor verwandelt ist. Was ich so lange vermuthet hatte, daß die Metamorphose der Kalkgesteine kein chronischer, sondern akuter spezifischer Prozeß sei, der in einer relativ kurzen Zeit sich vollzieht, das sah ich hier in evidenter Klarheit. Die Suche war so fesselnd für mich, daß ich meiner durch viele Märsche in der Mittagsgluth entzündeten Füße nicht achtete; und als meine Füße so anschwollen, daß ich keine Schuhe mehr anziehen konnte, machte ich eine 5stündige Exkursion in Strümpfen. doch ich litt so arg, daß ich rückswärts nicht mehr gehen konnte und mich von Fischern auf einem Balken innerhalb des Riffes nach meinem Rasthaus ziehen lassen mußte. Dort lag ich zwei Tage ziemlich von Schmerzen geplagt. Endlich kam ein Segelschiff von Carrical, welches mich in 30 Stunden nach Colombo brachte. Ich fuhr am anderen Tag nach Mount Lavinia, wo Prof. Exner mich erwartete, und dort konnte ich mich ausheilen und ausruhen. Auch über die Geschichte der Adamsbrücke habe ich interessante Studien gemacht, sie hat schon früher einmal bestanden und wird jetzt zum zweiten Male zerfressen. ...

...Von Colombo machten wir eine sehr schöne Tour nach Rathnapura, und fuhren von dort zwei Tage lang den Kuluganga herab bis Kaltura, von dort setzte ich mich in die Postkutsche und fuhr nach Galle, sah mir mehrere Stunden die Riffe an beiden Seiten der Bucht an und fuhr nachts bei Mondschein wieder zurück nach Colombo. So schöne formenreiche Riffe wie in Galle habe ich doch noch nirgends gesehen...

...Obwohl ich officiell meine Arbeit als beendet betrachte, so beobachte ich hier doch so manches hübsche Lateritprofil und erweitere mein Urtheil über die Bildung dieser sonderbaren rothen Erde. Die Rhododendron beginnen eben zu blühen und auch sonst blüht und duftet die ganze Landschaft. Wir werden nach Pedrotallagalla und den Horten Plains gehen den Adamspeak aber aufgeben. Denn am 28. fährt mein Reisebegleiter nach Bombay und am 1. III. hoffe ich selbst auf der Braunschweig wieder heimwärts zu dampfen. Ich bin nicht mehr frisch genug, um noch viel beobachten zu können, wenn Sie bedenken, daß ich 4600 englische Meilen im Schnellzug und gegen 300 Meilen im Ochsenwagen gesessen habe, viele scharfe und heiße Märsche geleistet und dabei immer studiert und gedacht habe, so werden Sie verstehen, daß ich mich nach Ruhe sehne... (18. Februar 1889).

Eine schöne Ergänzung dieses Briefes ist der Bericht über die Bootsfahrt auf dem Kuluganga (heute Kalu Ganga geschrieben) aus dem Reisetagebuch von Franz Exner, Walthers Reisegefährten (mit freundlicher

Genehmigung Prof. Dr. S. Dijkgraaf, Utrecht; zu F.S. Exner s. Karlik u. Schmid 1982):

Dienstag den 14.2.89 fuhren wir per Boot von Rathnapua ab um den Kuluganga bis zu seiner Mündung hinabzufahren. Da die Fahrt längere Zeit dauert, so hatten wir Conserven und einen Koch mit, der uns ganz gut versorgte. Das Boot bestand aus zwei parallel gekuppelten Einbäumen mit Brettern darüber auf denen eine Hütte stand; in zwei Theile geteilt hatten wir unseren Raum, der andere diente als Küche. Kann man sich etwas schöneres denken als so einen Fluß durch ein tropisches ganz wildes Land zu fahren, wo die Palmen und die Bambus so dicht das Ufer umsäumen, daß ein Landen nur selten möglich ist. Wenn die Fahrt schon bei Tage genußreich ist, so wurde sie zum Mährchen des Nachts, wo bei hellem Mondschein und kühler Luft der Phantasie gar keine Schranken mehr gezogen waren.

Ich habe niemals nettere Leute getroffen als unsere halbwilden Bootsleute, Vater und 2 Söhne, einer schöner als der andere, ich konnte mich die ganze Fahrt an den beiden Buben nicht satt sehen; die natürliche Grazie der Italiener wird da noch übertroffen, wozu allerdings das Nackte und die schöne Körperbildung beiträgt. Sogar die Läuse haben sie sich schön gefangen, leider auch oft. Nachts um 12 Uhr ließen wir an einer Sandbank halten um den Leuten Ruhe zu geben; sie hatten sich viel plagen müssen, denn das Wasser war seicht und wir saßen alle Augenblicke fest. Zuletzt hatten wir noch eine prachtvolle Stromschnelle zu passieren; der ganze Fluß war durch Felsen

Abb. 11. Partie am Kalu Ganga. Mit einem solchen Boot, wie es Haeckel für seine Fahrt benutzte, befuhren auch Walther und Exner sechs Jahre später den Fluß. [Haeckel 1903, Tafel VIII]

etwa einen halben Kilometer lang auf circa 10 Meter Breite eingeengt und dadurch sausten wir, daß es wirklich eine Freude war; bei Mondbeleuchtung gehörte wirklich viel Geschicklichkeit dazu ohne Unfall durchzukommen. Bis 5 Uhr morgens schliefen wir; die Bootsleute auf der Sandbank um ein Feuer gelagert sahen so malerisch aus daß ich lange nicht einschlafen konnte. Es gibt doch nichts köstlicheres als eine Tropennacht, nota bene ohne Mosquitos, die hier zum Glück fehlten. Allmählich verstummten die Cicaden, auch das Pfeifen der wilden Hunde [wohl fliegende Hunde] hörte auf und zuletzt auch das eintönige Rufen der Käuzchen. Um 5 Uhr ward die Natur wieder munter die Strandläufer eröffneten den Reigen denen bald die Affen mit ihrem Schrei folgten. Auch der Morgenhimmel hat sein Schönes und ich sah mit Genuß dem Abblassen des südlichen Kreuzes zu. Wenn die ersten Sonnenstrahlen durch die Palmenwipfel fallen, dann wird alles lebendig was da kreucht und fleucht, selbst die Krokodile, die den Fluß bevölkern, aber ziemlich scheu sind. Am possierlichsten bleiben doch immer die Affen namentlich wenn sie etwas fremdartiges sehen und vor Furcht und Neugierde nicht wissen was sie treiben sollen. Leider fehlen hier die Papageien gänzlich, dafür treten Eisvögel ein von seltener Größe und wunderbarer Schönheit.

Den ganzen Tag ging die Fahrt durch schönes, teils hügeliges theils ebenes Land und wo es das Dickicht erlaubte ließ ich öfters halten und machte mehrstündige Ausflüge ins Land. Da lernt man eine ganz andere Vegetation kennen als an der Küste. Im Dschungel und Urwald kam ich freilich nicht weit, das ist einfach eine Mauer von Pflanzen und man müßte da um fortzukommen ganz speciell ausgerüstet sein. Aber ich weiß doch jetzt wie das Ding aussieht. Wir hatten auch einige böse Stromschnellen zu passieren wo wir das Boot zeitweise verlassen mußten, kamen aber ohne Unfall hinüber

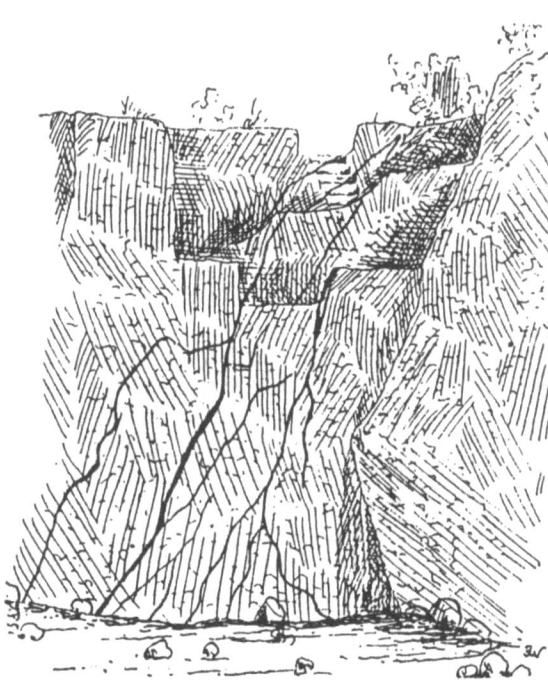

Abb. 12. Graphitgänge im lateritisierten Grundgebirge Ceylons, die Exner in seinem Reisebericht beschreibt. [Walther 1908, Abb. 18]

und hatten von da ab immer sicheres Wasser. Nachmittags sahen wir eine kleine Ansiedlung, ein neuer tea-estate und dabei eine Graphitgrube. Ich ging aufs Land und besah mir die letztere. Der Graphit durchzieht in 5-6 zölligen Adern den ganz weichen Boden (Latherit) und wird einfach mit Messern herausgeschnitten.

Die zweite Nacht genossen wir zur Hälfte mehr, denn um 12 Uhr waren wir an unserem Ziele angelangt, dessen Nähe sich durch das Rauschen des Meeres ankündigte. So endigte diese genußreiche Fahrt in Kaltura, wo wir den Rest der Nacht im Rasthause zubrachten um den nächsten Tag, Samstag den 16.2. per Bahn nach Colombo zurückzufahren.

Walthers Heimfahrt verlief planmäßig, und Anfang Mai war er wieder in Jena. An die Eltern hatte er geschrieben, es täte ihm leid, daß er nicht häufiger habe berichten können, denn dazu „gehört Muße und Ruhe, Beides hatte ich nie; doch sind meine Bücher voll Notizen." Seine magere Berichterstattung war jedoch Grund für die tiefe Verstimmung seines Gönners, Carl Rumpff, der, daheimgeblieben auf seinem Krankenlager, nur allzu viel Zeit hatte, auf Berichte von dieser Reise zu warten, von der selbst sich so viel versprochen hatte. Im Duisberg-Archiv befinden sich außer zwei Briefen an ihn die wohl von Walthers Mutter verfertigten Abschriften von Briefen an die Eltern. Ein Bericht aus Agra wird erwähnt. Rumpff war also tief enttäuscht. Gleich nach seiner Rückkehr erhielt Walther einen langen, vorwurfsvollen Brief Duisbergs, der ihm über die Verärgerung des Onkels berichtete, gleichzeitig aber Vorschläge machte, wie er dieser Verstimmung geschickt begegnen solle. Er war rührend bemüht, sowohl dem Onkel als dem Freunde hilfreich zu sein und den Frieden zwischen ihnen wieder herzustellen. Walther schrieb sofort an Rumpff und erklärte ihm, daß er sich durch dessen Krankheit doppelt verpflichtet gefühlt habe, seine Reise durch ständige Arbeit wissenschaftlich erfolgreich zu machen. Deshalb habe er keine Muße gefunden, Schilderungen über Land und Leute zu geben (6).

...wenn mir auch wohl nichts entgangen ist, was interessant und belehrend war, wenn ich auch den ganzen Tag nicht Notizbuch und Bleistift aus der Hand gelegt habe, so hatte ich doch keine Zeit, um interessante Erlebnisse dort in ausführlichen Schilderungen zu fixieren. Stichwortartig, wie ich gewohnt bin, alles nicht fachwissenschaftliche zu notieren, so habe ich alles bewahrt, aber an eine lesbare Ausarbeitung kann ich erst hier denken. ...Wenn Sie bedenken, daß die kleine Schilderung des Tadsch mir zwei Stunden gekostet hat, daß der Artikel über Benares, der die Beobachtungen zweier Stunden enthält, zwei Nachmittage zur Niederschrift verlangte, so werden Sie gewiß verstehen, daß ich nach jenen beiden Versuchen für die ganze folgende Reise darauf verzichtete, feuilletonistische Schilderungen meiner Erlebnisse niederzuschreiben, da ich die Zeit meinen wissenschaftlichen Arbeiten hätte rauben müssen. ...

Auch bei Duisberg verteidigte er sich und schrieb: „ich würde es ein zweites Mal nicht anders machen können" (27. April 1889). Jeder Geologe, der auf Reisen im Gelände gearbeitet hat, kann Walthers Argumentation verstehen. Doch liegt in dieser Prioritätensetzung für die Geologie und damit der Vernachlässigung der Auflage seines kranken Mäzens eine Härte, die auf Betroffene verletzend wirken mußte.

Er wollte Rumpff bald die ausgearbeiteten Tagebücher übermitteln und ihn zum nächstmöglichen Zeitpunkt zum Erzählen aufsuchen. Man möchte hoffen, daß Rumpff nun zufrieden gestellt war. Denn zu einem Besuch Walthers ist es nicht mehr gekommen. Carl Rumpff erlag, 59jährig, am 2. Juni einem Herzschlag.

Für die nächsten vier Semester blieb Walther in Jena und ging an die Ausarbeitung seiner Ergebnisse:

Ich sitze fleißig bei der Arbeit und arbeite an Problemen der dynamischen Geologie. Eine Abhandlung über Wüstenbildung und des Charakters „fossiler" Wüsten, eine andere über lebende und fossile Korallenriffe rücken vorwärts, dann beschäftigt mich in starkem Maße die Ausarbeitung meiner indischen Probleme und andere Themata füllen die Lücken. Den Winter lese ich über Ägypten und Indien, was auch Zeit kostet, kurzum, ich stecke tief drin und sehe über die Berge von Arbeitsmaterial nur schwer hinweg. Da ich durch die herrliche Reise mein letztes Reisesehnen gestillt fühle und nach manchen hastigen Publikationen und Gelegenheitsarbeiten der letzten Jahre nach möglichster Ausreifung und Beherrschung des ganzen Literaturmaterials strebe, so sehe ich vorläufig kein Ende ab. Den vergangenen Sommer habe ich den ganzen Petermann durchgearbeitet [immerhin 35 Bände!] und excerpiert, den Winter kommen Akademieschriften dran.
Ich werde keine Abendeinladung annehmen, nicht um die Nächte durchzuarbeiten, aber um frische Morgenarbeit fördern zu können und habe mir zum Trost der Einsamkeit ein Klavier bestellt, auf dem ich jauchzen und seufzen werde, je nachdem meine Probleme gefördert werden. So werde ich künftig ein Separatabdruck von Heo [Carl Hauptmann] sein, nur ohne Einband und einfach geheftet... (28. August 1889 an Duisberg).

Doch dann lockte ihn der Internationale Geologenkongreß 1891 nach Nordamerika.

5.3 Geologenkongreß und Fahrten in den USA

Den Kongreß, der vom 26. August bis 1. September 1891 in Washington stattfand, wollte Walther sich vor allem wegen der großen Exkursion in den amerikanischen Westen nicht entgehen lassen:

...es folgen [auf den Kongreß] 42 Tage Exkursionen nach Yellowstone, Colorado, Utah und so werde ich wohl erst Ende Oktober hierher zurückkehren. Man wird für billiges Geld das Wichtigste zu sehen bekommen und so eine Gelegenheit bietet sich nicht wieder... (2. Mai 1891 an Duisberg).

Für billiges Geld: Damals kostete die Teilnehmergebühr zweieinhalb Dollar; 1989 in Washington 200 Dollar! Gemessen an den Tausenden von Teilnehmern an den Kongressen in den letzten Jahrzehnten läßt die Zahl von 250 Besuchern in Washington 1891 an die freundliche Atmosphäre heutiger Regionaltagungen denken, wo jeder noch jeden treffen kann. 78 Ausländer waren gekommen. Unter den Deutschen befanden sich Credner, Zittel und Steinmann. Fast hundert Teilnehmer gingen auf die lange Fahrt nach Westen, die von prominenten amerikanischen Geologen wie William H. Emmons, Grove K. Gilbert und John W. Powell geführt wurde (Nelson 1989). Verkehrsmittel waren Bahn, Reitpferde oder Maultiere und natürlich die eigenen Füße. Walther, der auch während der Bahnfahrt jeden Blick, der nicht aus dem Fenster ging, für einen versäumten Moment hielt, mokierte sich über die Kollegen, die die Geologenkommunikation beim Dauerskat pflegten. Die riesigen Rinderherden, die die Bahngleise unsicher machten, hatten die Einrichtung von „Cowcatchern" erforderlich gemacht, metallenen Schutzschilden an der Front der Lokomotiven, durch die die Rinder, die auf den Gleisen standen, beiseite geschleudert wurden (In den Sammlungen der Smithsonian Institution in Washington ist eine solche Lokomotive zu sehen). An einem Tag zählten die Reisenden über 800 auf diese Weise beiseite gebrachte Kühe!

Wieder ging ein ausführlicher Reisebericht an Haeckel:

...Nachdem der im ganzen ziemlich langweilige Congreß mit seinen vielen receptions abgeschlossen war, begann unsere Exkursion am 2. September und ist bisher unter Leitung der sachkundigsten Fachgenossen, ohne alle Reisebeschwerde, ohne Sorge um Beförderungsmittel, fast ohne Portemonnaie reisen wir von einem Glanzpunkt zum anderen, bisher immer von herrlichstem Wetter begünstigt. Wenn wir in eine Stadt kommen, empfängt uns ein Comiteé am Bahnhof um uns mit Wagen in den Straßen herumzufahren, die Minen und Hütten zu zeigen....

6 Tage reisten wir zu Wagen und Pferd durch den Nationalpark (Yellowstone). Dann waren wir drei Tage in Salt Lake City, wo wir ins Mormonentabernakel zu einem Monstreconcert eingeladen wurden. Gestern klopften wir untersilurische Fische. ...heute fuhren wir mit der Zahnradbahn auf den 14.140' Fuß hohen Pike's Peak, von dem wir eine ungetrübt großartige Rundsicht auf die Rocky Mts. genossen. Wir sind 90 Teilnehmer, darunter 10 Damen und die Wagen unseres Zuges sind daher etwas überfüllt, auch das Essen ist nicht besonders, aber solche Kleinigkeiten treten zurück gegenüber den wahrhaft großartigen Eindrücken, die wir empfangen...

Von Flagstaff am Colorado gehe ich nach Los Angeles um die Mohavewüste und den Pacific zu sehen und dann durch die Gilawüste nach Sierra Blanca in Texas wo mich ein deutscher Geologe erwartet, um mich 2 Wochen in den Wüsten von Westtexas herumzuführen.... Morgen trennt sich unsere Exkursion in Denver. Etwa 35 (darunter 18 Deutsche) gehen nach dem Colorado Cañon die anderen zurück....

In einem Satz ist seine ganze Begeisterung zusammengefaßt:

...die Reise ist so großartig, daß man sich selbst beneiden möchte um die Teilnehmerschaft an derselben (20. September 1891).

C. Nelson (1985) weist darauf hin, daß Walthers Begegnungen mit H.S. Williams, der in den 80er und 90er Jahren über Faunenkorrelationen im Devon arbeitete, beiden viele Anregungen zum Faziesgedanken gebracht und zu dessen Verbreitung in den USA beigetragen habe. Williams hatte am Kongreß und den Exkursionen teilgenommen (Kapitel 17).

Erst kurz nach Beginn des Wintersemesters kehrte Walther zurück.

„Ich werde wohl an Magnifizenz schreiben müssen, damit ich mit Ruhe erst eine Woche später meine Vorlesung beginnen kann" (20. September 1891, an Haeckel).

Was blieb Magnifizenz wohl anderes übrig als zuzustimmen? Der Antragsteller war ohnehin nicht erreichbar.

Im Rückblick an Duisberg:

Wenn Jemand der 16 000 km im Zuge gesessen, an der Küste von Südkalifornien Muscheln gesucht und in den Wüsten von Texas in der Sierra de los Soulos u. der S. del Diablo eine Woche lang kampiert hat, dann als verspäteter Geologe heimwärts eilt, wenn er nach 6-tägigem Sturm und ebensoviel schlaflosen Nächten nun endlich wieder den Boden der Heimat betritt und kein anderes Verlangen hat, als in raschem Fluge ins Elternhaus zu eilen, dort drei Tage zu rasten und in Jena das Katheder zu besteigen ... dann begreifst Du ... daß der arme Weo selbst die liebsten Freunde vernachlässigt. ...ich hatte es gründlich satt, nachdem ich in Amerika drei Monate lang tagtäglich mit Geologie gefüttert worden war, 28 Nächte im Zug verbrachte, 500 km im Sattel gesessen, manche Nacht auf bloßem Fell, den Sattel unter dem Kopf, einmal sogar bei Hagel und Gewittergruß kampiert hatte. ...Es war eine recht amerikanische Hast, wie alles da drüben großartig aber geschmacklos, ohne Ruhe ohne Behagen (28. November 1891).

Auch am nächsten Internationalen Geologenkongreß in der Schweiz (1894 – die Kongresse fanden damals nicht wie heute alle vier, sondern alle drei Jahre statt) nahm er mit langer Exkursionszeit teil. Doch erst der übernächste, 1897 in Petersburg, wurde wieder Anlaß zu einer großen Forschungreise.

5.4 Kaukasus und Innerasien

Am 22. Juli 1897 brach Walther nach Petersburg auf. Im allgemeinen Ansehen inzwischen avancierter, war er einer der Kongreßsekretäre und lernte dafür eigens russisch, worüber sich Duisberg ein wenig lustig machte:

Ich hege den Wunsch, daß Du Dir nicht wieder durch das Studium der russischen Sprache Kopfweh holst und Dir damit Dein Leben verbitterst, wo ich die feste Überzeugung habe, daß Du doch nicht aus den Büchern russisch lernen wirst... (18. Mai 1897).

Walther scheint es, den Auslassungen seines Freundes zum Trotz, dennoch zu gewissen Kenntnissen gebracht zu haben. Das mag vielleicht auch mit zu seiner späteren, sehr weitreichenden Anerkennung in Rußland beigetragen haben (Kapitel 11). Auf dem Kongreß machte er übrigens den Vorschlag für die Einrichtung eines internationalen schwimmenden Labors, also eines Forschungsschiffes. Seine Idee wurde von Nicolaj Andrussow, dem russischen Pionier der Geologie des Schwarzen Meeres, lebhaft unterstützt. Es blieb jedoch nur bei dem Vorschlag. Der Gedanke an interdisziplinäre Arbeit in großem Rahmen war

Abb. 13. Im Kaukasus: Die Karawanserei an der grusinischen Heerstraße, in der Walther mit seinen Reisegenossen 1897 eine ungemütliche Nacht verbrachte [Haeckel 1984, Abb. 41]

damals zu neu und obwohl die internationalen Kontakte unter den Wissenschaftlern vielleicht sogar besser waren als heute, war die Zeit, in der so viele nationalistische Tendenzen gepflegt wurden, politisch noch nicht reif für große multinationale Unternehmungen in den Wissenschaften. Erst nach dem zweiten Weltkrieg, seit den 60er Jahren, wurden sie in der Meeresforschung, und nicht nur dort, eingeführt. Denken wir bei der Geologie an die Tiefseebohrungen oder die europäische „Geotraverse", die von Skandinavien bis Tunis durch Europa gelegt wurde.

Seine an den Kongreß anschließende private Reise unternahm er zunächst zusammen mit Ernst Haeckel und dem reisefreudigen Freiburger Paläontologen Georg Böhm (S. 32). In 72stündiger Bahnfahrt erreichten sie Wladikawkas (das heutige Ordshonnikidze), von wo aus sie mit einer gemieteten Kutsche den Kaukasus auf der grusinischen Heerstraße durchqueren. Während die beiden Geologen Gesteine und Gebirgsbau längs der Route studierten, widmete sich Haeckel dem Aquarellieren. Die Briefe Haeckels über diese Fahrt sind von Uschmann und Wedekind (1972) herausgegeben worden, und auch Walther hat die Unternehmung in seinem Erinnerungsbändchen lebendig geschildert. So wissen wir von manchen Details, wie der Wanzennacht in einer Karawanserei, den 35 Spiegeleiern, die die drei (gemeinsam mit Kutscher und Führer) dort verzehrten, der Begegnung mit der Eskorte einer russischen Fürstin im Vierspänner oder dem türkischen Bad in Tiflis.

Dort trennten sich ihre Wege. Haeckel hatte die Einladung eines Großfürsten auf dessen Schloß angenommen, Walther und Böhm reisten über Baku und das Kaspische Meer nach Buchara, Samarkand, Taschkent und Kokan, um beiderseits der Bahnlinie mehrere Wüstentouren zu machen. Walther studierte hier besonders de Frage der Salzlagerbildung und verfolgte die Verlagerung der Barchane (Sicheldünen) mit den jahreszeitlich vorherrschenden Windrichtungen.

Erst Ende November, nach fast vier Monaten, traf er wieder in Jena ein. Ungestraft übrigens überwand er die Strapazen solcher Unternehmungen nie. Wie er schon nach früheren Reisen die nervösen Folgen der Anstrengungen erwähnte, so klagte er auch dieses Mal bei Duisberg am 17. Januar, also fast zwei Monate später, über „häufige Kopfschmerzen, die letzten nervösen Nachwehen" der Reise.

Diese Fahrt zu den Wüsten Innerasiens, deren Ergebisse vielfachen Niederschlag in seinem 1900 erschienenen, später mehrfach wieder aufgelegten Wüstenbuch fanden, beschloß die großen Reisen seiner Aufbauzeit. Erst 1911 sollte er wieder zu einer größeren Unternehmung nach Ägypten und dem Sudan aufbrechen und 1914 eine durch den Kriegsausbruch gestörte Reise nach Australien machen. Doch davon erst später.

6 Dozentenalltag in Jena

> „Wer das Leben recht zu gebrauchen weiß,
> der kann wirklich äußerst viel ausrichten."
> *(J.W. v. Goethe)*

Nach dem – mit heutigen Verhältnissen verglichen – außerordentlich freien Studium vor hundert Jahren begann für einen Anwärter auf die Hochschullaufbahn ein Leben starker äußerer Einengung. Ein Privatdozent hatte in seinem Institut keinerlei Befugnisse und neben dem Recht Vorlesungen abzuhalten vielerlei andere Aufgaben. Er erhielt, wenn er nicht auf einer mager dotierten Assistentenstelle saß, keinerlei Bezahlung außer dem Hörergeld. Dieses war nicht viel mehr als ein Taschengeld, denn die wichtigen Vorlesungen hielt der Ordinarius, der auch das alleinige Recht der Prüfungen hatte. So konnte ein Privatdozent nur mit den wenigen wirklich besonders interessierten Hörern rechnen und war gezwungen, zu seinem Lebensunterhalt durch Vorträge, Zeitungsarikel und andere literarische Arbeiten beizutragen. Im übrigen mußte er sich auf Privatmittel, daß heißt seine Familie, stützen. Im Universitätsarchiv in Jena liegt eine Erklärung von Walthers Vater, daß er seinem Sohn „unter Übergabe eines entsprechenden Kapitalvermögens auch ferner die nötigen Mittel zur selbständigen Lebensführung stets gewähren" werde (3). Eine Folge dieser Situation war die erbitterte Konkurrenz um die wenigen Lehrstühle, die im Laufe eines Menschenalters frei wurden.

So schildert zum Beispiel Curt Teichert in seinen Erinnerungen an den bedeutenden deutsch-amerikanischen Paläontologen Rudolf Ruedemann (1958, S. 11), „one of the giants in American paleontology", daß dieser sich 1892 dazu entschloß, seine Assistentenstelle in Straßburg aufzugeben und nach USA zu gehen, weil alle in absehbarer Zeit frei werdenden Lehrstühle schon lange versprochen gewesen seien. Ihm wäre nur die Wahl geblieben, im Schuldienst zu arbeiten, wie dies etwa Ernst Gürich sechzehn Jahre lang tat, bevor er nach Gottsches vorzeitigem Tod den Lehrstuhl in Hamburg bekam. In der Geologie stellte sich die Lage um die Jahrhundertwende geringfügig besser dar als in anderen Fächern, weil an einigen Universitäten durch die Trennung der Geologie von der Mineralogie einige neue Lehrstühle geschaffen wurden. Dennoch waren die Aussichten nicht rosig. Für die Zoologen schrieb Goldschmidt (1959, S. 14):

...es ist bewundernswert, daß die meisten [Privatdozenten] trotzdem Idealisten blieben und ihre Arbeit mit ungestörtem Elan fortsetzten.

Wie eng die Befugnisse waren, illustriert eine Bemerkung Walthers:

Ich ordne eine palaeontol. Studiensammlung für die Erlaubnis, das Sammlungsmaterial in meinen Vorlesungen benutzen zu dürfen (28. April 1886).

Für Walther betrug die Spanne des Privatdozentendaseins acht Jahre, von denen er allerdings vier (ab 1890) Titularprofessor war, was an seinen äußeren Lebensumständen jedoch nichts änderte. Das war nicht einmal eine besonders lange Zeit. doch hatte er es auch nur einem Glücksfall – und Haeckel – zu verdanken, daß er 1894 in Jena zu einer bezahlten außerordentlichen Professur kam. Obwohl er unter den Einengungen gelitten hat, war er gegen eine Besoldung der Privatdozenten, als diese nach dem Weltkrieg eingeführt werden sollte: „Denn dann wird die Habilitation eine Frage, die der Finanzminister entscheidet" (Kapitel 11).

6.1 Publikationen

„Bei mir steckt in jeder Publikation... ein Stück Herz.
Das letztere suche ich thunlichst zu verstecken,
aber ich fürchte, es blickt doch oft genug deutlich hervor unter der Decke."
(Johannes Walther)

Die Ergebnisse der Aufenthalte in Neapel und die der großen anderen Reisen bildeten die Grundlage für Walthers ungewöhnliche Produktivität in den Jenaer Jahren. Die Semestermonate zu Hause waren Literaturstudien und den an Zahl wie Inhalt bemerkenswerte Publikationen gewidmet.

...hohe Ziele habe ich mir gesteckt, neue Wege möchte ich der Geologie weisen, neue Methoden der Forschung einführen... (an Haeckel, im Dezember 1890).

Zwischen 1885 (dem Jahr vor seiner Habilitation) und 1894 (dem Jahr seiner Ernennung zum besoldeten Extraordinarius) erschienen sieben meereskundliche Arbeiten, von denen einige bereits erwähnt wurden

(Kapitel 3.3). Ein Nebenprodukt seiner Meeresbodenkartierung war die „Geologie von Capri" (1889 a); er befaßte sich mit den untermeerischen Vulkanen (1886 a) ebenso wie mit den Foraminferen (1889 c), mit letzteren bei natürlich noch recht primitiver Behandlungsmethode. Foraminiferenbearbeitungen an rezentem Material, das aus Grundproben stammte und nicht am Strand gesammelt war, stellten damals eher die Ausnahme dar. Von dem ins Allgemeine greifenden Aufsatz „Flexuren am Kontinentalhang" (1886 d) schrieb er an Duisberg, daß er „elend zerrissen" worden sei. 1970 aber bemerkte Max Pfannenstiel dazu: „Mit einigen Einschränkungen sind Walthers Gedanken Allgemeingut geworden." Obwohl er die Problematik der Kontinentalränder allzu schematisch sah (er faßte den Kontinentalrand überall als Flexur auf, was er vor den passiven Rändern tatsächlich oft ist), hat er recht mit seiner Erklärung von Flexuren als Folge der absinkenden Ozeanböden. Da man damals von der Permanenz der Ozeane und Kontinente überzeugt war, konnte er nur von der irrigen Voraussetzung ausgehen, daß es sich um die Absenkung „der einst gleichmässig den Erdball umspannenden Rinde" handele, während wir heute wissen, daß diese durch die fortlaufende Abkühlung der ozeanischen Kruste vor den Kontinentalrändern erfolgt und daß das überdies so nur für die passiven Ränder gilt. Bei den aktiven liegen die Dinge viel komplizierter. Walthers Idee, daß in den Spalten der Kontinentalflexuren der ozeanische Vulkanismus aufsteigt, war zwar ganz und gar schematisch, im Kern jedoch richtig. Rein spekulativ, wie die Kritiker fanden, war die Arbeit keineswegs, denn Walther hatte die im Laufe des 19. Jahrhunderts mit reichen Daten versehenen Seekarten dafür gründlich geprüft. Er hat auf die 100-Faden-Linie (180 m) als „Kontinentallinie" aufmerksam gemacht und hier die Grenze der Kontinente angesetzt (heute legt man sie an den Übergang von kontinentaler zu ozeanischer Kruste bei rund -2000 m). Er betonte, daß am Boden des Flachmeeres (den Begriff Schelf führte erst Krümmel 1907 ein) auch ältere Schichten lägen und dieser nicht vollständig von jungen Sedimenten der Kontinente aufgeschüttet worden sei, wie Richthofen meinte. So brachten seine Gedanken Neues und Zutreffendes in die Diskussion.

Sechs Arbeiten entstanden als Resultat der Sinaireise. Neben der schon angesprochenen Studie über die Korallenriffe (Kapitel 5.1) fand die größere Abhandlung „Die Denudation in der Wüste und ihre geologische Bedeutung" (1891 b), in der er die „abhebende" Rolle des Win-

Einleitung in die Geologie
als historische Wissenschaft.

Beobachtungen über die Bildung der Gesteine und ihrer organischen Einschlüsse.

Von

Johannes Walther,
Inhaber der Haeckel-Professur für Geologie und Paläontologie
an der Universität Jena.

I. Theil: **Bionomie des Meeres.** Beobachtungen über die marinen Lebensbezirke und Existenzbedingungen.

II. Theil: **Die Lebensweise der Meeresthiere.** Beobachtungen über das Leben der geologisch wichtigen Thiere.

III. Theil: **Lithogenesis der Gegenwart.** Beobachtungen über die Bildung der Gesteine an der heutigen Erdoberfläche.

Jena
Verlag von Gustav Fischer.
1893/1894.

Abb. 14. Titelblatt von Walthers grundlegendem Werk, in dem er die Synthese von Geologie/Paläontologie aus seiner Sicht entwickelte [Walther 1893/94]

des besonders herausarbeitete, weite Beachtung, Zustimmung und auch Widerspruch.

An den „Windkantern" in der Galalawüste, die er mit windgeschliffenen Geröllen aus dem Pleistozän Norddeutschlands verglich, prägte er diesen Begriff. In den schottischen und schwedischen vorkambrischen kontinentalen Sedimenten suchte und fand er die Windkanter, an denen er die Wüstennatur dieser Ablagerungen vor dem großen Einsetzen des Lebens im Kambrium erläutern wollte.

Eine größere Publikation „Die Adamsbrücke und die Korallenriffe der Palkstraße" (1891 a) als Ergebnis der Indienreise befaßt sich mit Aufbau und Zerstörung dieser Meerenge. Die Bedeutung von „Strandverschiebungen" wie man sagte, war durch die Arbeiten von Suess in lebhafter Diskussion. Man – auch Walther – dachte seinerzeit dabei eher an Tektonik als an Meeresspiegelschwankungen. Daß die Diagenese von Korallenriffen einen relativ raschen Vorgang darstellt, wie Walther von seinen Befunden ableitete, ist heute, wo man weiß, wie empfindlich Riffe auf Meeresspiegelschwankungen reagieren, allgemein anerkannt.

Neben diesen speziellere Themen behandelnden Arbeiten schrieb er an seinem großen, dreibändigen Werk „Einleitung in die Geologie als historische Wissenschaft", dessen erste beide Bände 1893 erschienen, der dritte 1894. Das Vorwort beginnt: „Im Jahre 1883 [also gleich nach seiner Promotion] habe ich das vorliegende Werk begonnen und seit jener Zeit ununterbrochen daran gearbeitet." In all diesen Jahren hat er dieses große Thema in seinen Briefen nur selten berührt. Nur einmal schrieb er dem Freund ausführlicher:

...dann geht es wieder energisch an mein Buch und hoffentlich kann ich bei ungestörter Arbeit in zwei Jahren das Schlußkapitel desselben niederschreiben.
Wenn ich dann denke, wie seit Jahren mein ganzes wissenschaftliches Denken sich auf jenes Werk konzentriert, alle Reisen und Studien damit zusammenhängen, so weiß ich oftmals gar nicht mir vorzustellen, wie es mir zumute sein wird, wenn es fertig ist und ich neben dem Gefühl des Abschlusses einer wissenschaftlichen Arbeitsrichtung die unsichere Erwartung hegen werde, ob soviel Mühe und Arbeit des Zieles wert war (23. März 1892).

Mit den drei Bänden, in denen umfassendes Tatsachenmaterial zusammengetragen ist, schuf er die Grundlage für eine synoptische Betrachtung der erdgeschichtlichen Vorgänge. Er konstatierte, daß die erste Phase der Entwicklung in der Geologie die Gesteinskunde war, die zweite die Paläontologie. Er wollte, geschult an Darwin, Lyell, Haeckel und Wallace, beide Phasen verschmelzen, um es mit Werner Quenstedt (1929, S. 322) zu sagen „der aktualistischen Methode auch in der Paläontologie zur Anwendung verhelfen," Ihm war wohl bewußt, daß diese Art der Betrachtung zu einer Zeit, in der im wesentlichen stratigraphisch gearbeitet wurde, neuartig war. Ein wenig abfällig begründete er einmal, weshalb er nicht zu einer Tagung (nach Bonn) ging:

Ich fühle mich unter Leuten nicht wohl, die sich mit „Normalprofilen", „guten Arten", „Leitfossilien" und anderen Formalien abplagen (an Duisberg, 21. Juli 1887).

Der erste Band befaßt sich mit der Bionomie des Meeres, im Untertitel: „Beobachtungen über die marinen Lebensbezirke und Existenzbedingungen." Er widmete ihn dem Andenken an Karl Ernst von Hoff, der kurz vor Lyell bereits seine Gedanken zur aktualistischen Methode veröffentlicht hatte, jedoch neben dem so viel bekannteren englischen Gelehrten keine anhaltende allgemeine Beachtung gefunden hatte. Walther wollte die aktualistische Methode erweitern und nannte sie „ontologisch." Er leitete die Bezeichnung von Palä-ontologie ab und wollte damit das Studium des heute Seienden mit dem des Alten verbinden. Nicht die jeweiligen Zustände der Erde im Gang ihrer Geschichte, sondern die Vorgänge, die Entwicklungen, denen Gesteinsbildung und Lebewelt unterworfen waren, sind gefragt: „Aus dem Sein erklären wir das *Werden*." Die Bezeichnung bürgerte sich nicht ein, vielleicht, weil sie durch die Philosophie schon besetzt war. Walther gebrauchte sie aber zeitlebens. Nach solchen grundsätzlichen Überlegungen im Anfangsteil ist das Buch eine komprimierte Meereskunde für den Geologen.

Während der zweite Band aus vielen Büchern kompiliertes Datenmaterial über die Tiefenstufen enthält, in denen die geologisch wichtigen marinen Tiergruppen bisher gefunden wurden, handelt der dritte von der „Lithogenesis der Gegenwart" – Lithogenese (Gesteinsbildung) ist ein Begriff, den Walther einführte. Er postuliert den Vorrang des Studiums der Gesteinsbildung vor dem der Bedingungen, unter denen die fossilen Organismen gelebt haben. Die Vorgänge der dynamischen Geologie werden deshalb ausführlich besprochen. Er weist auf den wesentlichen Einfluß des Klimas bei allen Veränderungen in der Erdgeschichte hin, auf die Ursachen, die in der von den Astronomen schon länger festgestellten Veränderung der Erdachse liegen könnten – ein Ansatz geologischer Betrachtung, der erst in den letzten Jahrzehnten, seit man dem Klima der Eiszeiten auf der Spur ist, in seiner Bedeutung erfaßt wurde.

Schließlich werden die Faziesbezirke der Gegenwart abgehandelt. Er verwendet Cuviers Methode der vergleichenden Anatomie bewußt für die Korrelation von Faziesbezirken, von der er sagt, daß erst sie von der Homotaxie der Leitfossilien zur erstrebten Homochronie der Gesteine führt. In enger Anlehnung an die Faziesregel des genialen Schweizers Amanz Gressly (1836), auf dessen Faziesbegriff er sich ausdrücklich bezieht (S. 989), formuliert er das Gesetz der Fazieskorrelation, das seither nach ihm benannt wurde: „Wie bei den Lebensbezirken ist es ein Grundsatz von weittragender Bedeutung, daß primär sich nur solche Facies und Faciesbezirke überlagern können, die in der Gegenwart nebeneinander zu beobachten sind." Walthers Definitionen, wonach Fazies

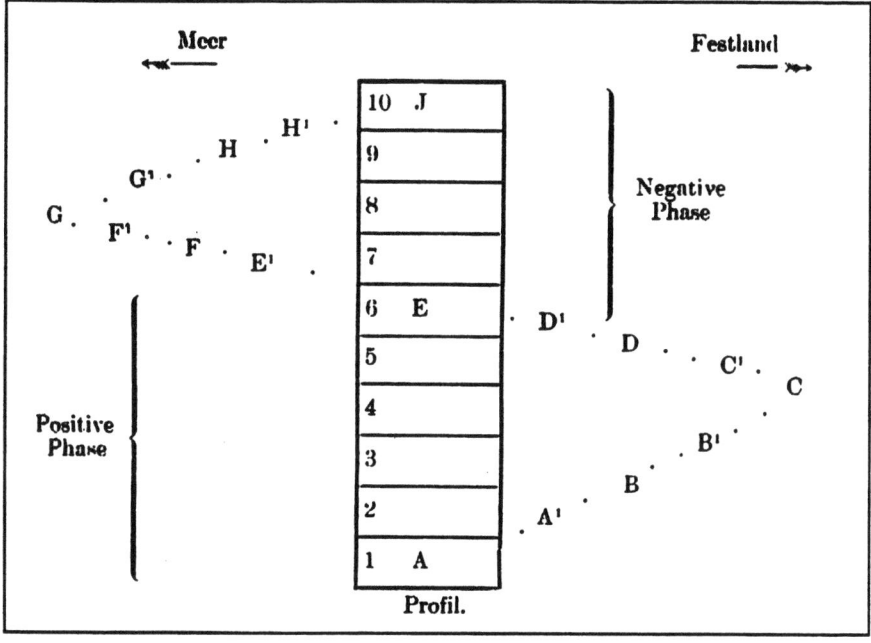

Abb. 15. Walthers Schema für die Entstehung deutlicher Faunenschnitte bei Faziesverschiebungen. Die Art A wandert bei einer Transgression des Meeres (*positive Phase*) mit ihrem Habitat landwärts (nach rechts). Dabei verwandelt sie sich durch Mutationen schrittweise in die Art C. Kehrt die ursprüngliche Fazies bei einer Regression einige Sedimentstufen danach zu ihrem Ausgangspunkt zurück, tritt nun eine erneut gewandelte Art E dort auf. Die Zwischenschritte (Variationen) sind also in dem Profil nicht vorhanden. Dasselbe geschieht im Schema auf der linken Seite in umgekehrter Weise (*negative Phase*). Der Gedanke von solchen Umwandlungen bei Faunenwanderungen beruht auf Vorstellungen von Darwin [Walther 1893/94, Bd. 3, S. 993]

die Summe der primären Eigenschaften eines Gesteins ist, wurde von der Mehrzahl der europäischen Geologen so angenommen (Teichert 1958). Er betont vor allem die vertikale Komponente der Faziesverschiebungen, legt Wert auf die Beachtung von Schichtfugen, weil sie Abtragung von Fazies bedeuten können und diskutiert die mit dem Fazieswechsel einhergehenden Faunenverschiebungen ausführlich. So ist Walther zwar nicht der Begründer der Faziesregel, aber ihr Erklärer und Verfeinerer. In einigen späteren Spezialarbeiten gab er Beispiele für die Methodik seines Ansatzes (Kapitel 7.1).

Seine Ansichten fanden keineswegs den einhelligen Beifall seiner stärker paläontologisch orientierten Kollegen. So spricht aus Ernst v. Kokens 14seitiger gründlicher Besprechung mehr Kritik als Beifall. Er wies auf eine Reihe von Unrichtigkeiten in Details hin. Gedanken wie die an Erdachsenveränderungen betrachtete er als unnötige Spekulation, auch die heute selbstverständliche Unterscheidung von Festland, das durch Trans- und Regressionen veränderlich ist, und Kontinent, zu dem auch der submarine Sockel gehört, gefiel ihm nicht. Vor allem war es die – wie er es sah – „Discreditierung der palaeontolgischen und stratigraphischen Methode, deren Mangelhaftigkeit immer wieder betont wird", gegen die er sich wehrte. Er warf Walther vor, daß er ein altes bewährtes Gehäuse einreiße, „um Platz für das Seine zu gewinnen." Er hatte damit nicht so unrecht, denn Walther wollte zeigen, daß stratigraphische Arbeit umfassender gesehen werden müsse. Die Besprechung zeigt aber, wie wenig Koken den größeren Ansatz Walthers erkannt hat, obwohl er die Arbeit durchaus ernst nahm. Denn er schloß mit den Worten:

Trotz meines Widerspruchs halte ich aber das Buch für eine bedeutende literarische Erscheinung, welche man nicht zur Seite schieben kann. Sie trägt das Gepräge ausdauernder Arbeit und eigenartigen Denkens (1895).

Dem Werk war in Deutschland kein durchschlagender Erfolg beschieden. Im Ausland wurde es früher anerkannt. Als Arnold Heim Walther 13 Jahre später nach der Möglichkeit einer Neuauflage fragte, beleuchtete dieser die Einstellung der deutschen Kollegen (15):

Es ist meines Wissens keine Aussicht, daß meine Einleitung eine neue Auflage erlebt. Das Buch, in das ich ein gutes Stück Leben gesetzt habe, war in literarischer Hinsicht ein Mißerfolg. Wo man nicht schleifen oder gliedern kann, da hat der deutsche Geologe kein Interesse und eine kritische Untersuchung der biologisch-lithologischen Prämissen geologischer Arbeiten gilt als „unfruchtbare Hypothese."

Ich habe mich damit abgefunden und erwarte von meiner demnächst erscheinenden Geschichte der Erde und des Lebens, daß sie den Fachgenossen nur Ärgernis bereiten wird. Wenn sie aber meine Einleitung gelesen haben, dann gehören Sie hoffentlich zu dem kleinen Kreis von Lesern, denen ich mit meinem neuen Buch etwas bringe (22. Februar 1907).

Noch Othenio Abel, der die Aufgabe der Paläobiologie in der ausschließlichen Untersuchung der Entwicklung des Lebens sah, lehnte Walthers Synthese ab. Doch gerade dadurch, daß er großen Wert auf die Erhaltungsweise fossiler Tiere legte, belebte er die geologische Ausrichtung der Paläontologie (also Walthers Richtung) kräftig (Quenstedt 1929). 1937 bezeichnete Weigelt dieses Werk Walthers als seinen größten Wurf und 1962 stellte K. von Bülow fest, daß Walther die neuen Methoden über die reine Beschreibung hinaus auf das historische Ziel der Geologie hinzuarbeiten, überhaupt erst geschaffen habe.

Darstellungen für ein breites Leserpublikum wurden in der zweiten Hälfte des 19. Jahrhunderts auch schon vor Haeckel, der sich vehement dafür einsetzte, allgemein für wichtig gehalten. Walthers Erstlingswerk auf diesem Feld war eine „Allgemeine Meereskunde", die 1893 in Webers Naturwissenschaftlicher Bibliothek, Leipzig, als Nummer 6 der Serie erschien und zum Preise von 5 Mark zu haben war. Sie wurde auch

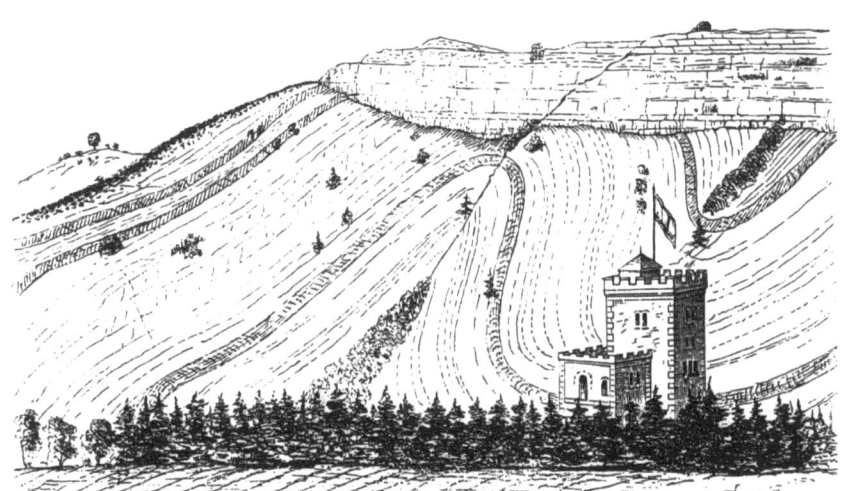

Abb. 16. Eine Felswand bei Obernitz in der Nähe von Saalfeld zeigt eine klassische Diskordanz: Über die gefalteten Schichten von Devon und Unterkarbon transgredierte das Meer der Zechsteinzeit und lagerte horizontale Kalkbänke ab [Walther 1893, Abb.9]

von den Fachleuten gut aufgenommen. Wilhelm Dames (1894) besprach sie mit großer Zustimmung, und auch die Kritik des Ozeanographen Otto Krümmel (1893) war freundlich, wenngleich er neben einigen Beanstandungen eine gewisse Kopflastigkeit zugunsten der Geologie feststellte. Duisberg, dem er das mit 300 Seiten gar nicht so schmale Bändchen in den Urlaub nach Reichenhall geschickt hatte, war begeistert:

Der schlagendste Beweis für Deinen Erfolg ist die Thatsache... daß, als ich die Meereskunde erhielt, ich sofort anfing zu lesen und wie bei einem Roman nicht eher aufhörte bis ich sie verschlungen und Seite für Seite, Zeile für Zeile durchstudiert. Bravo, bravissimo, lieber Junge, damit mußt Du und Dein Verleger Erfolg haben. Du hast so allgemein verständlich und so populär geschrieben, daß jeder von dem Werk begeistert sein wird. Dabei schilderst Du so poetisch und so gemüthvoll daß es eine Lust ist selbst diejenigen Kapitel wie die Fauna des Meeres zu lesen, die voll Thatsachenaufzählungen sind.... Wie stimmungsvoll sind die Schilderungen der verschiedenen, der von Dir persönlich bereisten Gegenden. Wie herrlich, in wenigen Worten gefaßt, ist die Beschreibung des Golfs von Neapel und die Fahrt auf demselben. Kurz, Du hast mit diesem Opus den Vogel abgeschossen und bewiesen, daß Du Dich wie kein Anderer für populäre Schriften und Vorträge, für pädagogisch richtige Darstellung eignest. Ich bin wirklich begierig, sachverständige Kritiken zu hören und zu lesen und bitte Dich, mir gelegentlich einige mitzutheilen, auch mir nicht zu verschweigen, wenn trotz meines Entzückens einige Eulen huhuen sollten... (2. Juni 1893).

Auch heute noch ist das Buch eine unterhaltsame Lektüre. Es erschien schon im gleichen Jahr 1893 in den USA in englischer Übersetzung.

Neben der Breitenwirkung dienten solche populären Schriften auch dem für einen Privatdozenten wichtigen, prosaischeren Zweck, dem Zubrot.

6.2 Zeitungsartikel und Vorträge

Die Zeitungsartikel, die Walther seit seiner Studentenzeit in München häufiger schrieb, dienten ebenso diesem doppelten Ziel wie die Vorträge vor den wissenschaftlichen orientierten Vereinen, die damals auch in kleinen Städten in Blüte standen.

Beispiele für Zeitungsartikel verschiedensten Inhalts finden sich in der Weimarer Zeitung (1888, Kapitel 5.2), der Leipziger Illustrierten Zeitung (1888) „Die Schuppenlurche des Plauener Grundes bei Dresden" und des öfteren in der Münchener Allgemeinen Zeitung „Eine wissenschaftliche Station auf der Sinai-Halbinsel (1890)", „Geologie und

Ozeanographie" (2. Mai 1891) oder „Die Zerstörung von Helgoland durch das Meer" (24. Januar 1891).

Seine Vorträge bei der Geographischen Gesellschaft in Frankfurt am Main sind durch den Briefwechsel mit dem Vorstand der Gesellschaft, Heinrich v. Nathusius-Neinstedt, für den Zeitraum 1888-1896 belegt, der meist von Vortragstiteln handelt: zum Beispiel „Durch die arabische Wüste vom Roten Meere zum Nil" oder „Südindien und die Adamsbrücke", schließlich auch „Nordamerikanische Städtebilder", „Die Anfänge des Lebens auf der Erde" und „Der große Salzsee und die Mormonen" (16).

Einmal wird auch vom Honorar gesprochen:

Mit dem von Ihnen angesprochenen Honorar würde ich mich begnügt haben, wenn ich nicht von College Kückenthal erfahren hätte, daß er für seinen Vortrag von Ihnen 150 Mk erhalten habe. Sie werden verstehen, daß es mir *nicht möglich ist* für eine geringere Summe zu reden... (31. Oktober 1889).

Ein Honorar von 150 Mark war damals mehr als das doppelte eines durchschnittlichen Assistentenmonatsgehaltes! Ein dritter nützlicher Zweck wird in Briefen Duisbergs deutlich, als dieser sich darum bemühte, Walther die Türen für Vorträge im Rheinland zu öffnen. Wie er das tat, liest sich sehr amüsant:

Mein lieber Weo!

Da es mir nun endlich gelungen ist, ein Vorstandsmitglied des hiesigen Vereins für wissenschaftliche Vorlesungen für dich zu interessieren, so bitte ich dich hiermit, mir umgehend ungefähr 1/2 Dutzend oder mehr Themata von Vorträgen, welche Du im nächsten Winter hier oder in Barmen oder Düsseldorf zu halten bereit bist, einzusenden. Noch im Laufe dieser Woche finden diesbezügliche Vorstandssitzungen statt und es wird sich dann entscheiden, ob Deine Themata das erforderliche Interesse beim hiesigen Publikum erregen. Man ist im allgemeinen hier, wie Du Dir denken kannst, mehr für litterarische und historische Vorträge eingenommen und hat in den letzten Jahren mit naturwissenschaftlichen Vorträgen nicht das gewünschte Interesse beim Publikum gefunden. Es ist daher wichtig, daß Du die Themata so wählst, daß sie vielversprechend sind und auch populär bleiben. Ich hatte zum Beispiel ein Thema vorgeschlagen „Entstehung der Wüste" das aber durchaus nicht gefiel und als zu sehr wissenschaftlich bezeichnet wurde. Dagegen würde „Wüstenleben" oder „Wüstennacht" besser gefallen. Nun Du verstehst ja den Rummel.....

Hast Du Dich einmal bei den hiesigen Vereinen eingeführt, dann folgen die anderen sofort nach, wie es sich denn überhaupt wahrscheinlich machen läßt, daß Du zur selben Zeit in mehreren rheinischen Städten Vorträge halten kannst. Soviel ich höre, bewilligen die hiesigen Vereine den bekannten Satz von 200 M pro Vortrag (29. April 1895).

Am 31. Mai war die Sache weiter gediehen:

Ich habe hier im Verein für wissenschaftliche Vorlesungen große Propaganda für Dich gemacht und Du wirst hoffentlich durch die Auswahl geeigneter Themata die aufs höchste gespannten Erwartungen rechtfertigen. Du mußt natürlich mit den hiesigen lokalen philiströsen Anschauungen rechnen, mußt Deinen Vortrag mehr interessant als gelehrt ausstatten und wirst dann sicherlich Erfolg haben zumal, wenn Du denselben mit einigen Objekten, wie Karten, Zeichnungen, Steinen etc. erläuterst. Hast Du hier Erfolg, so wird sich Dein Ruf als Vortragender in wissenschaftlichen Vereinen sehr bald verbreiten und Du wirst Dich auch im Westen des Deutschen Reiches, zumal am Rhein, etwas populär machen können, was im Hinblick auf Bonn nicht unwichtig ist. Ausführliche Referate über Deine Vorträge erscheinen regelmäßig in der Kölnischen Zeitung und gehen von da in die ganze Welt....

Die Verbreitung des wissenschaftlichen Rufes durch solch populärwissenschaftliche Vereine war also ein nützlicher Punkt auch für die akademische Karriere: Ein einflußreiches Publikum, das zu solchen Vorträgen ging, weil man ja Bildung beweisen wollte, konnte bei der Förderung eines Rufes auf eine Professur durchaus von Bedeutung sein. Duisberg dachte weit voraus an Bonn, dessen Geologieprofessur 1906 aber von Steinmann besetzt wurde. Er gab deshalb den Rat, auf die Ausarbeitung des Vortrags doch ja Mühe zu verwenden. Er hätte dies nicht zu tun brauchen, denn Walther nahm diese Aufgabe immer ernst. So wollte er auch erst nach seinem Vortrag zu Duisbergs ins Haus kommen, denn er sei gewohnt „mehrere Stunden vor dem Vortrag ganz still zu memorieren."

Streng wissenschaftlicher Natur waren dagegen die Vorträge, die er zeitlebens gern bei der Deutschen Geographischen Gesellschaft in Berlin hielt. Die Verbindungen zwischen den beiden Disziplinen waren damals weit enger als heute. Er besuchte, wie andere Geologen auch, häufig den deutschen Geographentag, ebenso wie er in der geographischen Zeitschrift „Petermanns Mitteilungen" publizierte. Dort wurden auch seine Bücher häufig besprochen. Über einen Vortrag beim Geographentag 1893 in Stuttgart berichtete er dem Freund:

Ich hatte mit einiger Sorge die Aufforderung zum I. Wüstenvortrag übernommen, weil ich eine unerfreuliche Debatte voraussah [damals waren seine Ansichten zur äolischen Abtragung in der Wüste noch lebhaft umstritten]. Doch es kam ganz anders. Ich ging als Sieger hervor und mein Vortrag war nach einigen Zeitungsberichten der „Höhepunkt des Interesses." Der Vater unserer Erbgroßherzogin, Prinz Hermann, protegierte mich sehr, auch der König zog mich an seinen Tisch (bei einem Frühstück in der Wilhelma), sodaß ich hochbefriedigt heimkehrte... (8. Mai).

Man sieht nebenbei, welche auch gesellschaftliche Bedeutung diese Tagungen damals besaßen!

6.3 Vorlesungen und Hörer

Zu diesen Arbeiten kamen die Vorlesungen. Sie waren wenig besucht und kaum bezahlt. In der Vorlesung „Perioden und Katastrophen der Erdgeschichte" hatte Walther im Wintersemester 1889/90 acht Hörer. Im darauffolgenden Wintersemester 1890/91 erreichte er mit „Geologische Beweise für Darwin" die höchste Hörerzahl seiner Privatdozentenzeit – vierzehn ohne Hörergeld, bei 50 Pfennig Beleggeld pro Kopf. Zusätzlich brachte „Die Struktur der tierischen Skelette" bei drei Hörern 30 Mark ein (10 Mark Hörergeld).

Im anschließenden Sommersemester besuchten drei Studenten (von denen einer gebührenbefreit war) „Die Palaeontologie der Protisten und Coelenteraten" für 10 Mark pro Hörer. Für „Naturgeschichte des Meeres" (zehn Hörer) wurde nur Beleggeld von einer Mark erhoben (17). Der Ertrag aus der universitären Lehre eines akademischen Jahres belief sich also auf ganze 50 Mark!

Zwei unter diesen frühen Hörern Walthers haben sich später einen wissenschaftlichen Namen gemacht:

Rudolf Ruedemann aus Georgenthal, der spätere Direktor des New York State Museum in Albany, hörte in Walthers erstem Vorlesungssemester bei ihm. Er wollte ursprünglich Biologie studieren und kam dadurch, daß Walther ihm eines Tages Eduard Suess' Buch „Das Antlitz der Erde" zu lesen gab, endgültig zur Geologie (Goldring 1958).

Siegfried Passarge, der durch seine großen Reisen in Afrika (Adamaua und Ngamiland/Kalahari) und Südamerika rasch bekannt gewordene Geograph (später Professor in Hamburg) hörte 1889 und 1890 bei Walther.

Das krasse Mißverhältnis zwischen den Hörergeldeinnahmen eines Privatdozenten und eines Ordinarius soll die Tabelle über die an die genannten anschließenden beiden Semester zeigen:

Thema	Hörerzahl	Hörergeld/ Person (Mark)	Beleggeld/ Person (Mark)	Summe
Kalkowski Wintersemester 1891/92				
Mineralogie	17	30	2	465-32
Mineralog. und geolog. Arbeiten	4	10	1	40- 4
Kristallographisches Praktikum	7	-	-	-
Sommersemester 1892				
Geologie	21	30	2	600-42
Mineralog. Übungen	8	10	10	70- 8
Gesteinslehre		10	1	40- 4
Walther Wintersemester 1891/92				
Geologische Beweise für Darwin	10	-	1	-10
Paläontologie der Echinodermen und Acroporen	-	-	-	-
Sommersemester 1892				
Paläontologie	6	12	1	60- 6
Geologische Exkursionen	11	1	-	11-

Die Abweichungen zwischen der Aufrechnung von Hörerzahl und Hörergeld erklären sich aus der Gebührenbefreiung für einige Studenten.

6.4 Ferienkurse

Seit 1889 wurde an der Universität Jena eine Initiative aufgegriffen: die Fortbildungskurse für Lehrer „Deutschlands, Österreichs und der Schweiz", die 14tägig während der Sommersemesterferien stattfanden. Sie wurden auf Anregung des bedeutenden Jenaer Pädagogen Wilhelm Rein und des Botanikers Alexander Detmer eingeführt und fanden rasch lebhaftes Interesse. Ab 1894 gab es sie in sorgsam geplanter, ausgearbeiteter Form. Für dieses Jahr existiert im Universitätsarchiv Jena auch bereits ein Teilnehmerverzeichnis, das zeigt, daß die 33 Besucher teilweise von weither kamen. Eine statistische Aufnahme wurde seit 1896 geführt. Interessant ist, daß in manchen Jahren die Ausländer das größte Kontingent bildeten. Sie kamen nicht nur aus allen Teilen Europas, sondern auch aus den USA (18).

Walthers Teilnahme als Dozent ist seit 1892 belegt. In einer leider undatierten, offenbar aus den ersten Jahren stammenden Ankündigung findet sich einmal das Thema „Fortschritte der Geologie und Paläontologie", ein anderes Mal „Die Geologie in der Schule." Dazu heißt es:

Abb. 17. Ankündigung der Ferienkurse 1903 in Jena [2]

An der Hand von Naturbeobachtungen und einfachen Schulversuchen sollen die Vorgänge und Wirkungen der Verwitterung und Bodenbildung, die Lagerung und Zusammensetzung der Gesteine, Wesen und Bedeutung der Leitfossilien, Schichtenstörung und Gebirgsbildung, plutonische und vulkanische Kräfte, Erdbeben, die Thätigkeit des Wassers und Windes, die Gestaltung der Meeresküste und die Gesteinsbildung am Meeresgrund, die Entstehung von Kohle, Salz, Gips, Sandstein und die Dauer der geologischen Zeiträume erläutert werden. – Die gewonnenen Erfahrungen sollen dabei auf Heimatkunde, Ackerbau, Bodengestalt, Siedelungsgeschichte, Pflanzen und Tierverbreitung angewandt werden.

Wahrhaftig ein Mammutprogramm für 12 Kursstunden! Daß Walther ein glänzender Pädagoge war, der wohl auch bei einem so umfangreichen Stoff das Wesentliche herauszuholen wußte, sprach sich rasch herum. Er hatte Zulauf. Einmal erwähnte er 70 Teilnehmer an einer zweitägigen Exkursion. In den Sommerferien 1903 hatte er bei einem zweiten derartigen Kurs, um den ihn die Coburger Lehrer gebeten hatten, 120 Besucher.

Die Einschreibgebühren für die Kurse betrugen 5 Mark. Darüberhinaus mußten für die jeweilig gewählten Kurse Honorare gezahlt werden, die jedoch moderat waren: Die naturwissenschaftlichen Lehrgänge kosteten pro Person 15 Mark. Der Verdienst war also bei den wenigen Teilnehmern der Anfangsjahre recht gering. Später jedoch änderte sich das: Bei seinen 120 Teilnehmern im zweiten Kurs 1903 muß Walther mehr als ein zusätzliches Jahresgehalt eingenommen haben (er verdiente als Extraordinarius 1200 Mark im Jahr). Es muß allerdings offen bleiben, ob nicht ein Teil dieser Honorare in die Universitätskasse geflossen ist.

Für die teilnehmenden Lehrer waren diese Kurse durchaus mit persönlichem Aufwand verbunden: Eine Woche Quartier nur mit Frühstück kostete 10, bei Vollpension 20-25 Mark. Zu den Kursen kamen dann noch die Reisekosten. Aber bei dem großen Bildungsinteresse der Zeit wurden solche Aufwendungen offenbar bereitwillig aufgebracht.

Walther machte diese Arbeit gern und steckte manche Mühe in die Vorbereitung. Einmal fragte er bei Duisberg an:

Für einen Ferienkurs ... will ich einige Experimente machen. Welche Substanz ist für Auskristallisieren aus übersättigter Lösung (beim Erkalten) besonders geeignet? Wie kann ich den Gegensatz ruhiger Kristallbildung und gestörter Bildung feinkristalliner Massen am besten verdeutlichen? Kann man verschieden gefärbte Substanzen aus derselben Lösung durch langsames Eindampfen in einzelnen bunten Schichten auskristallisieren (Salzlagerschichtung!)? Alles das müßte möglichst innerhalb 3/4 Stunden zu machen sein (27. Juli 1903).

Duisberg antwortete sogleich und empfahl Gaubersalz für Sofortkristallisation, Zuckerlösung für gestörte Kristallisation.

Neben diesen Kursen, die den Lehrern an höheren Schulen vorbehalten waren, gab Walther auch noch Sonnabendkurse für Volksschullehrer, die dafür aus dem thüringischen Umland anreisten:

Selbst Kolesch [ein Gymnasiallehrer aus Jena, der als Kandidat bei Walther gearbeitet hatte, S. 45] hört mit und staunt über meine pädagogischen Kniffe, um den guten Lehrern rasch etwas verständlich zu machen (18. November 1900 an Duisberg).

Die Anstöße, die Walther durch diese Kurse gab und der Einfluß, den er durch sie auf die thüringische Lehrerschaft gewann, waren Anlaß zur Gründung des Thüringischen geologischen Vereins.

Bei diesem Überblick über ein Privatdozentenleben um die Jahrhundertwende wird deutlich, daß es ein äußerst angespanntes gewesen sein muß. Zu dem großen Arbeitspensum kam der Druck der wirtschaftlichen Lage und je nach Charakter des allmächtigen Institutsdirektors auch persönlicher Druck, zu dem sich die Sorge um das Fortkommen gesellte.

6.5 Berufungskämpfe 1892 und 1894

Im Juli 1890 wurde Walther zum außerordentlichen Titularprofessor ernannt. Das änderte nichts an seinen finanziellen Verhältnissen. Es bedeutete lediglich eine äußere Anerkennung seiner bisherigen Leistungen – eine Art Routineernennung. In ihrem Vorfeld klingen in einem Brief an Duisberg die schon erwähnten Spannungen zwischen ihm und seinem Ordinarius Kalkowski wieder an:

Mir geht es eigentlich schlecht; doch bin ich fidel und guter Dinge. Mein lieber Oberkollege ist im Gesicht der beste freundlichste Mann, hinter meinem Rücken aber agitiert er in der schändlichsten, boshaftesten Art gegen mich. Ich stehe auf dem Wurschtigkeitsstandpunkt und singe mit Kapitän Ollendorf: Schwamm drüber! Gegenwärtig spielt eine cause celèbre mit mir, die mir vielleicht mehr schadet als nützt; die jedenfalls alle Senatoren beschäftigt. Der Kernpunkt ist der, daß die Regierungen meine Beförderung verlangen, während die kompetente Persönlichkeit [Kalkowski] keinen derartigen Vorschlag machen will. Bin sehr gespannt wer siegt? Doch das ganz unter uns. Vielleicht würde mir ein Sieg teurer zu stehen kommen als eine Niederlage – qui lo sa? (15. Dezember 1889).

Walther wurde ernannt – aber es kam ihn wirklich teuer zu stehen, denn als Kalkowski vier Jahre später einem Ruf nach Dresden folgte, machte seine feindliche Haltung Walther bei der Nachfolgefrage die größten Schwierigkeiten. Doch davon später. Zunächst wurde 1892 in Breslau der Lehrstuhl Ferdinand von Roemers vakant, und Walther kam neben Fritz Frech, Privatdozent in Halle, in die engste Wahl. Duisberg, der dem Freund gern helfen wollte, nahm im Vorfeld der Berufung tätigen Anteil, indem er seine Verbindungen spielen ließ. Der Briefwechsel der beiden Freunde gibt manchen interessanten Aufschluß über damals übliche Vorgehensweisen (heute wären sie dank des Telefons kaum so gut belegt).

Duisberg am 13. Februar 1892:

Herzlichsten Dank für Deine lieben Zeilen vom 6. ds., die mich nicht so recht gefreut haben, weil sie die Hoffnung, die ich auf Deine Berufung nach Breslau setzte, in erheblichem Maße dadurch abschwächten, daß sie mir die Mitteilung überbrachten, Du seiest erst in dritter Linie vorgeschlagen und Deine Gegner seien nicht Privatdocent Frech sondern Professor Kayser in Marburg und Professor Uhlig in Wien, beides nicht nur ältere, sondern wie ich vermute, auch angesehene Paläontologen. Nun, wirst Du nicht nach Breslau berufen – was ich unter den obwaltigen Verhältnissen kaum glaube – so bist Du wenigstens einmal vorgeschlagen worden und Dein Name wird auch im Ministerium bekannt. Dazu ist, wenn Kayser aus Marburg berufen wird, die größte Hoffnung, da ja dann die dortige Stelle frei wird und wie ich soeben aus der Kölnischen Zeitung ersehe, und wie Du dem beifolgenden Abschnitt entnehmen wirst, ist auch in dem diesjährigen Etat eine neue außerordentliche Professur für Geologie und Paläontologie in Kiel vorgesehen. Selbstverständlich habe ich sofort, nachdem ich nach hier zurückgekehrt bin, an Gamp [Karl Frhr. v. Gamp-Massaunen war der zweite Mann von Frau Clara Rumpff (Kapitel 5.2) und im Kultusministerium tätig] geschrieben und ihn gebeten, daß er die Angelegenheit benutzt Dich im Kultusministerium oder am besten bei Geheimrat Althoff zu empfehlen.... Wie ich von Fritz Bayer erfahre, soll übrigens Althoff nicht mehr so maßgebend und ausschlaggebend sein, wie dies bisher der Fall war, und man soll in Berlin behauptet haben, daß Althoff demnächst abgehen würde bezw. daß die Verwaltung dieser Angelegenheiten Anderen übertragen werden würde. Was an dieser Nachricht ist, kann ich nicht ermessen; auf jeden Fall ist Althoff nicht allein der Macher und es empfiehlt sich desshalb, daß Gamp auch, wie ich ihn gebeten habe, im Kultusministerium selbst dich vorschlägt....

Walther antwortet am 15. Februar

...In Breslau will man *mich* haben. Kayser wird zu teuer werden, Uhlig ist Ausländer; beide sind mehr der Form wegen genannt, wie aus einem sehr authentischen Brief hervorgeht. Ich reise am Donnerstag nach Berlin um einige Stunden mit Richthofen zu sprechen. Der hält meine Aussichten insofern für äusserst günstig als ich wohl nicht gleich als Ord., aber zuerst als Extr. berufen werden würde. Er ist heute Abend zu Diner bei Althoff und will für mich wirken. Sorge ist nur, daß infolge anderer Einflüsse die Regierung ein Extraordinariat bewilligt und die Vorschläge zurückschickt und sich andere Vorschl. erbittet. Wird dann Frech mitgenannt, kann der dran kommen. In Marburg würde ich keinesfalls ankommen – in Kiel sitzt ein unbesoldeter Extaord. für den diese neue Stelle zugeschnitten wird.

Am 28. März schreibt Duisberg:

Aus Deinem lieben Brief v. 23. ds. habe ich zu meinem großen Bedauern gesehen, daß die Chancen für Dich nicht so günstig sind, wie ich erwartet hatte. ...so weiß ich doch,... daß Gamp mehrere Male Deinetwegen im Kultusministerium gewesen ist, daß aber die Berufung überhaupt noch in weiter Ferne liegt. Es ist daher gut, daß Du auch an B. [Henry Theodor Böttinger, im Direktorium der Bayer-Werke, hatte in Berlin Einfluß] geschrieben hast. Derselbe wird sicherlich Gelegenheit nehmen, mit Althoff persönlich darüber zu sprechen.... Ein Fehler für Dich ist natürlich, daß Du nicht Preuße bist, aber wie die Verhältnisse gegenwärtig liegen, kann man wirklich keinem zumuten, daß er sich dem bei uns maßgebenden neuen Kurse überliefert.

Am 29. April:

Soeben teilt mir Herr Böttinger aus Berlin mit, daß es ihm endlich gelungen sei, Althoff Deinetwegen zu sprechen und fügte Kopie des an Dich gerichteten Briefes bei.
   Du siehst, daß Böttinger ebenfalls zur Gesellschaft der Worthalter gehört und sicherlich nicht wenig dazu beitragen wird, Dir zu nützen. Sorge Du jetzt nur, daß die Breslauer Fakultät Dir keinen Streich spielt und dich in erster Linie vorschlägt, dann wird Althoff schon das Weitere veranlassen. Sehr nützlich dürfte es auch sein, wenn Du B. eine Collection Deiner Drucksachen und Publicationen übersendest sowie einen objectiv gehaltenen Abriss Deines Lebenslaufs, da er nicht verfehlen wird, alles das Althoff zuzusenden. Die Regierungskommissare sind immer leicht geneigt, sich den Mitgliedern des Landtages erkenntlich zu zeigen, da sie durch dieselben sehr viel chikaniert werden können.

Walther am 30. April 1892:

Aus Böttingers Munde wirst Du inzwischen erfahren haben, wie liebenswürdig er weiter für mich gehandelt hat. Credner schrieb mir, daß jetzt die Breslauer durch ihren neuernannten Ordinarius für Mineralogie, Hintze, neue Vorschläge für einen speziellen Paläontologen einfordern. Da werden meine Aussichten wesentlich schlechter. Es ist das reine Skatspiel und es liegt System darin, wie die Breslauer Zug um Zug tun, um Frech dahinzukriegen.

Schließlich Duisberg am 16. Mai:

Wie es mit der Breslauer Geschichte werden wird, ist mir zweifelhaft, da mir Dr. Rühle privatim auf Grund der Erfahrungen seines Vaters mitteilt, daß Althoff ein ganz unsicherer Kantonist ist, der viel verspricht und wenig hält....

Das Extraordinariat war schließlich explizit für einen Paläontologen ausgeschrieben worden und Fritz Frech, der über oberdevonische Korallen promoviert und sich mit einer Devon-Arbeit in Halle bei Karl von Fritsch habilitiert hatte, wurde berufen. Er hatte manche gute Karte in diesem Spiel gehabt. Er war, wie Roemer, in erster Linie Paläontologe, überdies Berliner, also Preuße, und sein Vater war Kammergerichtspräsident in Berlin.

Karl von Fritsch begründete in einem späteren Brief an Hermann Credner, warum Walther nicht berufen worden sei (S. 88).

Gewiß war Walther enttäuscht:

> Jena bietet mir jetzt keine Aufgaben und keine Arbeitsmöglichkeit mehr.... Meine akademische Tätigkeit ist = 0, da ich K.'s Eifersucht nicht reizen will und keine Aussicht auf Praktika und die Heranbildung besonderer Schüler ist. Was soll ich da versauern, dafür bin ich jetzt noch nicht reif (2. Januar 1893 an Duisberg).

Er spielte mit dem Gedanken, eine Zeitlang nach Berlin zu gehen, um dort die Sammlungen zu studieren und Neues für eine geplante Monographie des Perm zu lernen.

War der Fehlschlag in Breslau zu verschmerzen, so gestaltete sich die Lage in Jena, als Kalkowski zwei Jahre später einen Ruf an die Technische Hochschule in Dresden annahm, dramatischer. Wie im Breslauer Fall die Unterlagen die Berufungsvorgeschichte im Berliner Ministerium, so beleuchten die hier vorliegenden den Kampf um einen Lehrstuhl in der Jenaer Fakultät. Viele Fachgenossen sind dabei involviert. Ihre Briefe werden deshalb in aller Ausführlichkeit wiedergegeben.

Die Frage der Nachfolge spaltete die Fakultät sogleich in zwei Lager. Haeckel und sein Kreis wollten für den Lehrstuhl einen Geologen/Paläontologen (also Walther) haben oder, da die Fakultät eher wieder einem Mineralogen zuneigte, ein Extrordinariat oder wenigstens einen Lehrauftrag für Geologie gewinnen. Einen Vorstoß für ein solches Extrordinariat hatte Haeckel schon einmal, 1866, gemacht, die Sache aber nach Ablehnung seines Antrages ruhen lassen. Die Berufung Steinmanns 1886 war ein Resultat seiner erneuten Bemühungen darum. Kalkowski, zu dessen Partei neben den Chemikern Knorr und Wolf, ein von Walther in seinen Briefen nur als O.L. bezeichneter Kollege, wohl der an Berufungsfragen immer sehr interessierte Philosoph Otto Liebmann (briefliche Mitteilung Frau Dr. Erika Krauße, Jena) aber auch der Geograph Eduard Pechuel-Lösche, wie Walther Titularprofessor, gehörte, wollte teils aus sachlichen (Primat der Mineralogie) teils aus sehr persönlichen Gründen nicht nur einen Mineralogen zum Nachfolger, sondern auch ein Extrordinariat für Walther unter allen Umständen verhindern. Der Kampf wurde mit allen Mitteln geführt. So wurde eine alte fachliche

Kontroverse Walthers mit Pechuel-Lösche wieder aufgewärmt, um Skandal zu stiften. Dieser, der 1884 in Südafrika Wüstenstudien gemacht hatte, beschuldigte (allerdings irrtümlich) Walther des Plagiats. Um sich zu wehren, wandte sich Walther an den hochangesehenen Göttinger Geographen Hermann Wagner. Dieser beruhigte ihn offenbar insoweit, als er ihm mitteilte, daß die Affäre über Jena noch nicht hinausgedrungen sei. Walthers Briefe schildern den Vorgang und auch den öffentlichen Untergang seines Gegners (19):

Als vor 3 Jahren mein Wüstenbuch erschien, und ich zu P.L. ging, um es ihm zu schenken, beklagte er sich, daß ich ihn so wenig zitiert hätte, obwohl er doch mit mir mehrfach über seine südafrikanischen Wüstenstudien gesprochen habe. Ich entgegnete ihm, daß ich mich auf *nordafrikanische* Phänomene beschränkt habe, u. daß ich die Amerikanischen und Asiatischen Wüsten auch nicht in den Kreis meiner Literaturstudien gezogen hätte. Er wurde heftiger und ich forderte ihn auf, mich öffentlich anzuklagen, damit ich mich öffentlich vertheidigen könne.

Drei Jahre hat er darauf *nicht* reagiert. Als es sich im vorigen Februar darum handelte, mir bei der Neubesetzung des Lehrstuhls für Mineral. einen Lehrauftrag für Geol. zu geben, bringt er plötzlich seine Anklagen wieder vor, läuft bei den Senatoren herum, verdächtigt mich in meiner Ehre, und erklärt, daß er öffentlichen Skandal machen würde, falls irgend jemand zu meinen Gunsten handeln würde.

Meine Freunde, durch die Heftigkeit seiner Anschuldigungen betroffen, werden unsicher, die Zeit vergeht und er hatte gesiegt. Damit er nun nicht ein zweites Mal so im Trüben gegen mich arbeiten könne, meldete ich sofort für die erste Sitzung der Med. Naturf. Gesellschaft einen Vortrag über Wüstenbildung an, u. ließ ihm sagen, ich erwarte ihn dort, u. hielte Vortrag nur um seinen Angriff herauszufordern. Anfangs hat er sich geweigert, zu kommen, jetzt scheint es aber, daß er zu der am 11. V. stattfindenden Sitzung erscheinen will (2. Mai 1894).

Walther war zu diesem Zeitpunkt bereits, trotz aller Hürden, zu einem Extrordinariat gekommen. Die Vortragssitzung verlief zu seinen Gunsten:

Ich sprach über Deflation und Sandgebläse und führte aus, daß ich mit ersterem Ausdruck in meinem Buch nicht die wetzende Thätigkeit der Sandwinde, sondern die abhebende Thätigkeit sandfreien Windes bezeichnet habe. Bei Sandgebläse wirkt zwar die Deflation mit, allein das Wesen der letzteren ist vom Sandtreiben unabhängig.

Sonderbarerweise verlas darauf mein geehrter Ankläger eine Schrift, in welcher er nachwies:
daß er immer betont habe, daß die *wetzende* Wirkung des Sandes das Wüstenrelief erzeuge,
daß ich das Wort Deflation aber gebraucht hätte, ohne zu erwähnen, daß er längst die Sandschlifftheorie vertreten habe.

Gänzender konnte ich gar nicht gerechtfertigt werden, als durch diese geradezu verblüffende Erklärung, denn sie bewies für jeden der 120 Zuhörer, daß P.L. bis zu jenem Mensurabend den Unterschied von Deflation und Sandgebläse nicht verstanden habe.

Nach solcher blamierender Erklärung saß er auf meine Entgegnung stumm und sprachlos da u. der Abend endete mit einem so schönen Erfolg, wie ich kaum hätte ahnen können (2. Mai 1895).

Ein wenig nonchalant beendet er den Bericht:

...nun ist ja sein Ehrgeiz gestillt, und seine Berufung nach E. [Erlangen] wird hoffentlich auch sein aufgeregtes argwöhnisches Gemüth beruhigen....

Pechuel-Lösche, bereits 54jährig, Hettner und Walther hatten in dieser Reihenfolge auf der Berufungsliste für den Lehrstuhl Geographie in Erlangen gestanden. Es mag danach wohl sein, daß Walther, lebhaft und von seinem Wert überzeugt, nicht immer vorsichtig mit älteren Kollegen umging! Die Partei Walthers: Haeckel trat zunächst nicht in Erscheinung, schaltete aber zwei Freunde ein, die Walther selbst sehr schätzten und engagiert für ihn eintraten. In der Jenaer Fakultät war dies der Anatom Max Fürbringer, dessen Loyalität und vornehme Gesinnung weithin anerkannt war. Die fachliche Unterstützung gab Hermann Credner, einer der „Päpste" der deutschen Geologie, bei dem Walther sein erstes Geologiesemester studiert hatte. Er besorgte die benötigten Gutachten und informierte Fürbringer über alles, was Walther stützen konnte. Credner, dessen wuchtige Handschrift seine Energie verrät, tat dies mit Verve. Die Telegramme, in denen er eilige Mitteilungen nach Jena jagte, beweisen es. Die spannende Entwicklung und der für die Haeckel-Partei zunächst enttäuschende Ausgang läßt sich aus den Unterlagen Schritt für Schritt ablesen (20).

Walther hatte am 23. Februar an Duisberg geschrieben:

...Wie ich Dir schon schrieb, hat Kalkowski den Ruf ans Polytechnikum nach Dresden erhalten (ich war an 2. Stelle vorgeschlagen) und angenommen. Meine Chancen in Jena sind sehr schlecht. Gemeinsam mit Knorr arbeitet er energisch gegen mich und wenn es Haeckel gelingt, einen unbesoldeten Lehrauftrag für Histor. Geolog.-Palaeont. für mich herauszuschlagen, so will ich zufrieden sein.

Am 2. März:

...K. hat, damit ja keine Freunde für mich thätig zu sein Zeit finden, alles übereilt. Kommission hat getagt, hat nicht einmal Gutachten von auswärts eingeholt, jetzt liegts im Senat.

Es werden – hinter meinem Rücken und ohne mein Vorwissen – gegenwärtig große Anstrengungen gemacht, um noch zu retten, was sich für mich retten läßt. Da Haeckel prinzipiell *nie* in den Senat geht, kann er mir dort nicht helfen. Rührend gute Collegen arbeiten aber und – ohne daß ich Dir Näheres mitteilen kann – ist meine Anwesenheit hier absolut erforderlich, denn sie spielt eine Rolle.

Drei Tage später schrieb Credner an Fürbringer, der ihn nach den von Kalkowskis Kreis vorgeschlagenen Kandidaten Gottlob Linck und Otto Mügge gefragt und außerdem um Gutachten gebeten hatte: „In gezwungener Eile!"

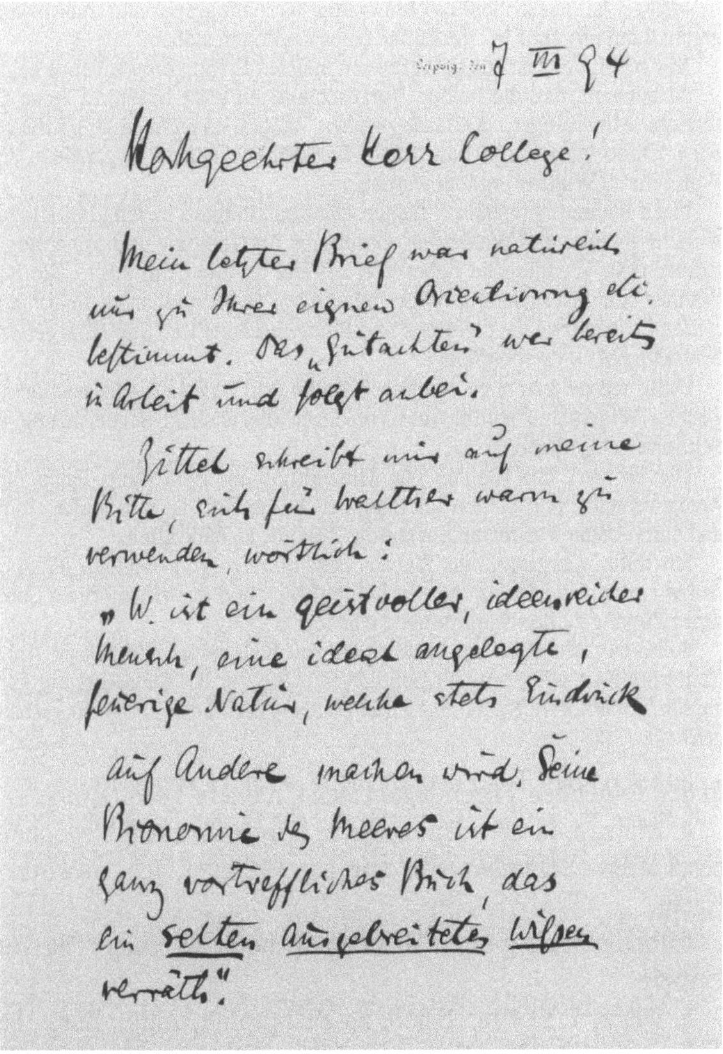

7 III 94

Hochgeehrter Herr College!

Mein letzter Brief war natürlich nur zu Ihrer eignen Orientierung etc. bestimmt. Das „Gutachten" war bereits in Arbeit und folgt anbei.

Zittel schreibt mir auf meine Bitte, sich für Walther warm zu verwenden, wörtlich:

„W. ist ein geistvoller, ideenreicher Mensch, eine ideal angelegte, feurige Natur, welche stets Eindruck auf Andere machen wird. Seine Bionomie des Meeres ist ein ganz vortreffliches Buch, das ein selten ausgebreitetes Wissen verräth."

Abb. 18. Ausschnitt aus einem Brief Hermann Credners aus Leipzig an den Anatomen Max Fürbringer in Jena, in dem es um die Neubesetzung des Lehrstuhls für Mineralogie/Geologie in Jena (1894) geht [20]

Hochverehrter Herr College!

Die sehr ausführlichen und dringlichen Briefe an Richthofen, Suess und Zittel sind heute Vormittag abgegangen. An Mojsisovics schreibe ich noch diese Nacht. Eben fand ich Ihren zweiten Eilbrief vor.

Linck hat keine einzige, wirklich geologische Arbeit, sondern nur petrographische, resp. mineralogische Arbeiten geliefert, von welchen petrographischen Aufsätzen einige kurze geognostische Bemerkungen rein beschreibender Art enthalten. Nach seinen Publikationen zu schließen, ist Linck kein Geolog.

Mügge ist ausschließlich Mineralog Kristallograph und mikroskopischer Petrograph; kann nirgends im Verdachte eines Geologen stehen.

Mir scheint es fast, als ob es das am meisten Erfolgversprechende sein werde: zu betonen, daß die beiden Vorgeschlagenen ganz bestimmt keine Geologen sind, sondern Mineralogen, *Kristallographen, mikroskopische* und *analytische Petrographen.* Diese ganz unleugbare totale Einseitigkeit würde in geradezu selten günstiger Weise durch Walther ergänzt werden.

Nach meinen neulichen x-fachen Unterhandlungen in Jena bin ich zu der traurigen Ansicht gelangt, daß Walther als Ordinarius für Geologie und Mineralogie nicht durchzusetzen ist. Wenden Sie lieber von Anfang an allen Einfluß u. alle Kraft daran, um Walther behufs Ergänzung obiger mineralog. petrographischer Lehrthätigkeit *den offiziellen Lehrauftrag für Geologie und Palaeontologie und den dazu gehörigen Theil der Sammlungen zu verschaffen:*

Dafür würde *jetzt* auch wohl noch Kalkowski zu haben sein, nachdem er Ihren energischen Widerstand gefühlt und von Ihren die nächste Senatssitzung vorbereitenden Schritten gehört haben wird.

Der Einwurf, daß Walther von Mineralogie und mikroskop. Petrographie sehr, sehr wenig versteht, und beiden überhaupt nicht zuneigt, ist nun leider einmal stichhaltig, und durch keine Vertröstungen auf die Zukunft zu entkräften.

Ich rathe: Concentrieren Sie die Gesamtkräfte von Walthers Gönnern gleich von Anfang an auf die Erringung des Lehrauftrags und der zugehörigen Sammlungen! [eigener Zugang zu den Sammlungen war sehr wichtig].

Sollte es nicht doch am besten sein, mit Kalkowski und dessen Anhängern diesen Compromiß zu schließen? Namentlich falls Sie vor der Senatssitzung günstige Gutachten von Richthofen, Suess und Zittel erhalten und diese in die Wagschale werfen können? ...

In den folgenden Tagen jagten sich Credners Telegramme.

4. März, 8.48 Uhr: Bin heute in dringenden Angelegenheiten in Halle beschäftigt. Schreiben Sie mir per Eilboten. Ich antworte noch diese Nacht.

Eilbotenbriefe gingen also damals noch an einem Tag von Jena nach Leipzig!

5. März, 1.20 Uhr: Briefe an Richthofen, Zittel, Suess bereits unterwegs; 5.32 Uhr: Nur Koken; 9. März, 7.40 Uhr: Fritsch ja. Könen zweifelhaft. Benecke nein; 10. März, 7.15 Uhr: Zirkel nein; schließlich am 11. März, 7.21 Uhr: Zirkels Votum einholen. Wird günstig. Credner

Von den Genannten wußte oder nahm Credner an, daß sie Walther gut beurteilen würden. Sie gehörten zur Creme der deutschen und österreichischen Geologenschaft. Benecke in Straßburg sollte nicht gefragt werden, weil bei ihm der Kandidat der Kalkowski-Partei, Linck, Assistent war.

Zwischen diesen Telegrammen schrieb Credner auch noch zwei Briefe. Der erste ist vom 7. März datiert und beginnt:

Hochgeehrter Herr College!
Mein letzter Brief war natürlich nur zu Ihrer eignen Orientierung bestimmt. Das „Gutachten" war bereits in Arbeit und folgt anbei.

Zittel schreibt mir auf meine Bitte, sich für Walther warm zu verwenden, wörtlich:
„W. ist ein geistvoller, ideenreicher Mensch, eine ideal angelegte, feurige Natur, welche stets Eindruck auf Andere machen wird. Seine Bionomie des Meeres ist ein ganz vortreffliches Buch, das ein *selten ausgebreitetes Wissen* verräth."

„In der jüngeren Geologengeneration gehört W. *unzweifelhaft* zu den allerersten besten Kräften und Jena könnte sich nur Glück wünschen, ihn dauernd zu fesseln."

Event., benutzen Sie diesen Ausspruch Zittels; und wer könnte an seiner hohen Autorität zweifeln?

Es wäre eine traurige Verblendung, eine Sünde und eine Schande, wenn man Walther'n in Jena kaltstellte.

Im Nothfall, wenn sich *persönlicher* Haß der Gegenpartei so zuspitzt, bitte gehen Sie *bis zur Immediateingabe* beim *Cultusministerio* oder *Großherzog selbst!*

Der Brief enthält noch ein paar persönliche Mitteilungen über Credners zahlreichen Belastungen, zu denen gerade jetzt noch der Verkauf seiner Villa (250 000 Mark) und ein Neuerwerb kamen und endet:

Wie aber *Sie* sich für Walther und die Geologie aufopfern, das dürfen und werden wir Ihnen nie vergessen!
Ihr von aufrichtigstem Herzen ergebener
H. Credner

Am 9. März ging es um weitere Gutachten:

Verehrtester Herr College!
Kurze Beantwortung Ihrer Anfragen:
Der Vorschlag von Linck u. Mügge ist für W. *sehr günstig;* aber womöglich 1. Mügge, 2. Linck (reinster Mineralog).
Rohtpletz und Gottsche als *Geologen* würden Walther gänzlich kaltstellen

ad: Gutachten
Beyrich wird überhaupt (wie immer) nicht reagieren
Fritsch voraussichtlich geschraubt antworten [s. S. 88]

Benecke ist Gönner von Linck
Koenens Stellungnahme ist sehr fraglich
Zirkel kämpft *gegen* Zweitheilung des Lehrstuhls f. Mineralogie u. Geologie. Doch

würde sein Urtheil über Walther an und für sich günstig lauten. Dasselbe wäre von großem Werthe gegen Ka. Bitte, fragen Sie ihn in *dem* Sinne: Ist W. der Mann, dem man einen (event. unbezahlten) Lehrauftrag für allgemeine Geol. und Palaeont. (als Extraordinarius) anvertrauen und den man zu diesem Zwecke empfehlen kann?
Bei *Kayser* rathe ich genau ebenso vorzugehen.

Bei der allgemeinen hohen Achtung, welche die wissenschaftl. Stellung und der Charakter, sowie der wissenschaftl. Ernst von Suess, Zittel, Mojsisovics und Richthofen genießen, ist es eine Schmähung, denselben „einseitige Informationsleistung" vorzuwerfen. Gegen ihr Urtheil würde das von Fritsch, Koenen, Benecke etc. in der geologischen Welt wenig ins Gewicht fallen, falls es nicht im Einklang mit demjenigen obiger Autoritäten ersten Ranges steht.

Jedoch würde ein *günstiges* Urtheil derselben, namentlich Kaysers, besonders aber *Zirkels* von großer Bedeutung gegen Ka. sein. Die Anfrage an Kayser u. Zirkel in obiger Beschränkung ist deshalb rathsam. Auch günstige Urtheile *Gümbels* (wie solches zu erwarten) und *Tietzes* wären zusammen *mit letzterem vernichtend gegen Ka.'s Kampfweise*.

Mit Bezug auf letztere bitte ich Sie, mir umgehend per Postkarte, welche nur die Zahl enthält, mitzutheilen:
welche Höhe im *günstigsten* Falle das Jahresgehalt des dorthin zu berufenden Ordinarius erreichen würde?
Mit aufrichtigstem Gruß und herzlichen Wünschen
für das Gelingen Ihres Strebens
Ihr eiligster, ergebenster
H. Credner

Der letzte Brief in dieser Sache:

Verehrtester Herr College!
Gestern Abend langte in meiner Abwesenheit Ihr eingeschriebener Eilbrief mit Beyrich's u. Dames's Briefen an. Wir hatten Prof. Heubner weggefeiert, ich kehrte erst gegen 3 Uhr heim und beeile mich am heutigen Vormittag, beide Schreiben anbei zurück zu senden.

Dames hat im Allgemeinen Recht in seinem Urtheil, – sein palaeontolog. Tadel scheint mir jedoch zu scharf. Den Dames'schen Brief können Sie natürlich nicht benutzen, wenigstens *nicht in seinem vollen Umfange*, ohne W. todt zu machen. Ich würde es aber in diesem Falle, wo von Ka. und Comp. so bösartig und so giftig, mit allen Mitteln gekämpft wird, nicht für ungerechtfertigt halten in der betreff. Versammlung zu sagen:

In einem an mich gerichteten Brief rügt zwar Prof. Dames die auch uns bekannten Fehler der Walther'schen Arbeitsweise *sehr scharf*, gelangt aber doch zu folgendem allgemeinen Urtheil....

Beyrich's Schreibebrief ist selbstverständlich durchaus zu ignorieren.
Sie haben, resp. erhalten jetzt Gutachten von Suess, Zittel, v. Richthofen
Mojsisovics mir, – ferner von Dames
Zirkel, vielleicht auch von v. Fritsch

Nach meiner Ansicht ist das doch genug, um einen Privatdozenten zum Ordinarius zu befördern! Daß Ka. Gegengutachten bringen wird, können Sie selbst durch noch so viele andere Voten nicht hindern. Er wird Tadler und Kleinigkeitskrämer finden, welche Ideen in einem gedankenreichen Buche für gar Nichts oder für Ballast halten, aber über einige Flüchtigkeitsfehler Zeter schreien. Ich würde nicht an Kayser schreiben, denn er wird voraussichtlich noch schärfer kritisieren als Dames.

Mir scheint manchmal aus Ihren Briefen, als ob Sie vorhätten, *gegen* Linck oder Mügge zu sprechen. Wie ich Ihnen neulich schon schrieb, sind beide die richtigen Leute (wenn auch in falscher Folge genannt), neben denen Walther florieren kann. Ebenso denkt Dames. Es könnte nur schaden, wenn dieser erste Vorschlag durch einen anderen Namen ersetzt würde.

Wenn nach allen diesen Schritten, die ja natürlich nicht geheim geblieben sind, Wa. nicht berücksichtigt wird, so wird man sich in Jena des schweren Vorwurfs nicht erwehren können, daß man sich von persönlichen Gefühlen hat leiten lassen und sich dem erfahrenen Rathe wohlmeinender Fachmänner verschlossen hat. Schon der Vorschlag Linck in erster, Mügge in 2ter Stelle statt umgekehrt ist ein blamabler Hohn! – Herzliches Glückauf! (11. März).

Den Inhalt von Fürbringers dazwischenliegenden Eilbriefen kann man sich danach leicht ergänzen.

Das hier von Credner erwähnte Gutachten von Wilhelm Dames (vom 9. März) lautet:

Ihre Anfrage betreffs Herrn Prof. Dr. J. Walther erlaube ich mir dahin zu beantworten, daß ich denselben nach jeder Richtung hin für geeignet halte, einen Lehrauftrag erfolgreich ausfüllen zu können. Gerade neben den beiden für das Ordinariat in Aussicht genommenen Herren würde er eine durchaus glückliche und begehrenswerthe Ergänzung bilden. Sowohl Linck wie Mügge sind vorwiegend Mineralogen und Petrographen, weniger Geologen, namentlich nicht in dem Sinne, in welchem wir heutzutage von Geologie reden, also betreffs der Kapitel der Tektonik, der Gebirgsbildung, der Gestaltung der Erdoberfläche durch Erosion u.s.w. – Auf diesen Gebieten hat Walther mehrere vortreffliche Sachen veröffentlicht, seine Untersuchungen über Denudation in der Wüste sind wohl überhaupt das Beste, was darüber vorhanden ist. Früher neigte er der durch Suess angeregten allgemeinen Speculation über geologische Fragen etwas zu stark zu und hat sich dadurch viele Feinde gemacht, namentlich unter den älteren, ruhigeren Vertretern unserer Geologie. In neuerer Zeit hat er sich davon frei zu machen gewußt und bringt nunmehr interessante Beobachtungen und daran geknüpfte Schlüsse. Sein unbezweifelt schwächstes Gebiet ist die Paläontologie. Seine erste Arbeit über Comateln brachte geradezu ungeheuerliche Sachen zu Tage, die denn auch namentlich von Engländern gründlich abgefertigt wurden [Habilitationsarbeit, Kapitel 4]. Das mag in äußeren Umständen seinen Grund gehabt haben, wenn auch sein ganzes Naturell wohl zu begierig auf Letztere einging. Ebenso ungeheuerlich ist seine Hypothese über das Wesen der Aptychen [1897]; ganz verfehlt seine Monographie des ägyptischen Carbon, von der in allernächster Zeit gezeigt werden wird, daß die aus der Bestimmung der Fossilien entnommenen Alterbestimmungen völlig unzutreffend sind [1890]. In Walthers Natur liegt nicht die nöthige Ruhe und Geduld, um Petrefacten nach allen Seiten hin genau zu vergleichen. Ich habe das einige Wochen hier selbst beobachten können, als er unser ägyptisches Material bearbeitete. Deshalb wird er mit mehr Erfolg seine schöne Arbeitskraft allgemeineren Capiteln zuwenden und hat das erfolgreich auch schon in seiner Bionomie des Meeres begonnen, ein trotz mancher Mängel anregendes und anziehendes Werk. Soweit seine litterarische Thätigkeit! Als Lehrer kann ich mir Walther nur höchst geeignet vorstellen, wenn er ebenso gut im Auditorium vorträgt wie in Sitzungen gelehrter Vereine, wo ich ihn öfters hörte. Dazu kommt die Lebendigkeit seiner ganzen Auffassung, die Begeisterung für unsere Wissenschaft, seine umfassenden, auf vielen Reisen erworbenen Erfahrungen und seine Liebe zum Dociren, die er hier des öfteren ausgesprochen hat, um ihm eine recht warme Empfehlung zu geben. Es wäre recht zu beklagen, wenn er nicht wenigstens einen Lehrauftrag bekäme....

Dames war was Linck und Mügge anging, derselben Meinung wie Credner:

Privatim die Bemerkung, daß die Reihenfolge der beiden (1. Linck 2. Mügge) durchaus und in keiner Weise ihren wissenschaftlichen Leistungen entspricht. Mügge steht in *jeder* Beziehung unendlich höher als Linck. Ich würde an Mügge's Stelle einen solchen Vorschlag als ein Mißtrauensvotum meiner wissenschaftlichen Thätigkeit auffassen. Doch das – wie gesagt – privatim! Die Sache ist ja abgemacht.
Mit freundlichem Gruß
Ihr ergebenster W. Dames

Positiv, aber wie Credner schon vorausgesagt hatte, etwas geschraubt, war das Gutachten Karl von Fritschs aus Halle:

Hochverehrter Herr College!
 Ihren werthen Brief vom 9. d. M. kann ich mit bestem Gewissen dahin beantworten, dass
1. Walther sich durch seine Arbeiten wirkliche wissenschaftliche Verdienste und ein Anrecht auf einen Lehrauftrag erworben hat, und dass
2. nach meiner Überzeugung seine Lehrthätigkeit eine sehr erwünschte Ergänzung zu der von Linck oder Mügge darzubieten gut geeignet ist, falls sich beiderseits guter Wille findet.

Es wird Ihnen nicht entgangen sein, daß sehr ernstlich an W's Berufung nach Breslau gedacht worden ist. Daß Frech dorthin gekommen ist, hatte seinen Hauptgrund wohl darin, dass er ähnliche Ziele verfolgt wie der verstorbenen Römer so daß er ein besonders geeigneter Nachfolger für dessen geologisch-plaeontologische Vorlesungen sein kann. – W.'s Thätigkeit hätte sich dort z. Th. mit der des Geographen gedeckt. – Dass der Ruf nicht an W. erging, bedeutet jedenfalls nicht, dass man in Breslau und Berlin von ihm gering denkt; und ebenso, wie man recht hatte, ihn für Br. zu nennen, so würde es unnatürlich sein, an der Stätte seines bisherigen Wirkens ihn ohne Lehrauftrag zu lassen.

Fritsch ging kurz auf Linck und Mügge ein (er kannte den letzteren kaum) und fuhr dann fort:

Dennoch ist es unter allen Umständen für die Vollständigkeit des den Studierenden darzubietenden Vorlesungscyclus von großer Bedeutung, dass auch Walther Geologie, einzelne Abschnitte derselben und Palaeontologie lehrt, weil bei Ihnen das zoologische Studium in so hoher Blüthe steht. W.'s letzte Arbeiten, namentlich seine „Bionomie des Meeres" bekunden nicht nur sein großes Talent, sondern auch die Fülle seiner

Kenntnisse und Anschauungen und den Ernst seines wissenschaftlichen Strebens: Besonders erfreulich ist, dass er mit unverkennbarem grossen Eifer beflissen ist, Schwächen abzulegen, die sich in seinen älteren Arbeiten bemerkbar machten; – mir sind die Klagen angesehener Fachgenossen über ihn nicht unbekannt geblieben. Aber ich rechne sicher darauf, daß er mit jeder neuen Arbeit Vollkomeneres leisten wird. Und wie er in seinen Werken Fehler früherer Arbeiten mehr und mehr abstreift, so wird er jedenfalls darauf ausgehen, sein Verhältnis zu Kalkowski's Nachfolger besser zu gestalten als zu diesem selbst. „Concordia res parvae crescunt" werden ihm und dem künftigen Ordinarius die Freunde sagen, und die eigene Klugheit beider wird sie zu planvollem Zusammengehen bringen, was umso nöthiger ist, weil, so viel ich weiss, die örtlichen Verhältnisse die *einheitliche* Leitung des mineralogisch-geologisch-palaenontologischen Instituts unbedingt erheischen.

Mit ausgezeichneter Hochachtung grüßt bestens
Ihr ganz ergebener
K. v. Fritsch (12. März)

Wie sorgfältig Fürbringer sein Plädoyer für Walther vorbereitet hat, zeigen seine Notizen: eine 27 Nummern umfassende Publikationsliste Walthers in Fürbringers eigener Handschrift, die wichtigeren Arbeiten doppelt unterstrichen, viele Auszüge lobender Besprechungen von Walthers Arbeiten in verschiedenen Fachzeitschriften von der „Naturwissenschaftlichen Rundschau" bis hin zu „Nature" und dem „Scottish Geographical Magazine" („admirable account of the manner in which desert regions are denuded") durch teilweise sehr renommierte Rezensenten wie Zirkel, Penck und Regel.

Am 14. März fand die Senatssitzung statt, in der der Antrag der Fakultät für einen Lehrauftrag Walthers angenommen wurde. Am gleichen Tag noch dankte Walther Fürbringer für alle Mühe seinetwegen:

...Das Bewußtsein so uneigennützigen Wohlwollens von Ihrer Seite wiegt für mich so manchen äußeren Erfolg auf.

Fürbringer war jedoch mit der Form des Fakultätsantrages so unzufrieden, daß er sich am 16. März mit einem Separatvotum an den Rektor, Theodor Frhr. von der Goltz wandte. Der Entwurf, in dem vieles aus den eben wiedergegebenen Briefen wiederholt ist, umfaßt zahlreiche Seiten. Sein Inhalt wird hier deshalb zusammengefaßt, und nur wenige Stellen werden zitiert. Fürbringer brachte noch einmal alles vor, was für Walther sprach und zitierte aus verschiedenen Gutachten:

Walthers Begabung ist eine sehr bedeutende (Tietze), glänzende (f. v. Richthofen). Er stellt sich neue, eigenartige, schwierige und weittragende Probleme (v. Richthofen, v. Zittel), schafft neues und schlägt ungewohnte Bahnen ein (Mojsisovics), löst die wissenschaftlichen Probleme nicht nach der Schablone, sondern nach eigenen Ideen (v. Zittel), durch alle Arbeiten geht ein origineller Zug (Tietze).

Er besitzt einen weiten und freien (Suess), auf große Ziele gerichteten offenen Blick (Credner), eine den Zusammenhang der Erscheinungen erfassende und genetische Schlüsse ableitende Begabung (v. Richthofen)....

Die Zusammenstellung geht noch lange so weiter und endet mit einem Zitat Richthofens:

Ihm gegenüber bilden Linck und Mügge solide Arbeiter in festgeordneten Bahnen. ...ohne Originalität nach Gesichtspunkten und Methoden und reichen in geistiger Bedeutung und an Verdienst der genannten Leistungen an Walther nicht heran.

Geschickt in Allgemeine ausgreifend führt Fürbringer dann aus, daß nach den vorhergegangenen Berufungen der Paläontologen Koken nach Königsberg, Baltzer nach Bern, Waagen und Uhlig auf Ordinariate für Mineralogie und Geologie an österreichische Universitäten, Walther ebenso für die die Jenaer Professur ins Auge zu fassen gewesen wäre, er jedoch dem Entschluß der Fakultät insofern beistimme könne, als sie wegen des Defizits in Mineralogie bei Walther davon absah. Jedoch könnten nach dem gleichen Prinzip Linck oder Mügge auch nur als Vertreter der Mineralogie/Petrographie in Betracht kommen. In Erkenntnis dieser Sachlage habe ja auch die Fakultät den Lehrauftrag für Walther beantragt.

Allerdings entspräche dieser „sachlich ziemlich lau und wenig begründete Antrag" nicht der hohen wissenschaftlichen Stellung Walthers, so daß man sich in der Fachwelt darüber wundern würde, was sich in Jena abspielte. Es bestünde die Gefahr, daß der Lehrauftrag für Walther keine ungehinderte Tätigkeit für ihn bringen würde, weil der neue, für beide Fächer berufene Ordinarius nun gerade würde zeigen wollen, daß er doch auch etwas von Geologie verstünde. Daraus könne nur ungute Konkurrenz entstehen, die dann zu Lasten der Mineralogie ginge. Wirklich Gutes könnte nur bei klarer Arbeitsteilung herauskommen. Die Scheidung in zwei Lehrstühle oder wenigstens die Vergabe der beiden Gebiete an zwei verschiedenen Dozenten sei bereits an der Mehrzahl der deutschen Universitäten durchgeführt.

... nicht minder besitzen sämmtliche Universitäten Österreichs (mit einziger Ausnahme von Czernowitz), die Mehrzahl der Schweizer, Italienischen und Russischenn Universitäten und alle nennenswerten Universitäten der Vereinigten Staaten von Nordamerika getrennte Lehrstühle für Mineralogie und für Geologie und Paläontologie. Da, wo die Trennung noch nicht besteht, ist sie unabweisbar und ihre Durchführung nur eine Frage der Zeit.

Auch Jena, das nach der studentischen Frequenz in der Philosophischen Fakultät besuchter sei als mehrere Universitäten, wo die Trennung der Fächer schon bestehe, würde sich dieser auf Dauer nicht entziehen können. Die Fakultät habe die Frage aus finanziellen Gründen zu schnell wieder fallen lassen. Die gegenwärtige Konstellation sei für ein Zusammenwirken „eines gediegenen jüngeren Mineralogen und Petrographen" – Fürbringer versagte sich nicht, zu schreiben:

in der Person des erst in diesem Jahr zum Extraordinarius ernannten – und als Assistent am mineralogischen (nicht geolog.) Institut in abhängiger Stellung befindlichen Prof. G.E. Linck und einem hervorragenden Geologen und Paläontologen in Person des hiesigen Professors J. Walther, der nach keiner Richtung hin Anforderungen erhebt oder erheben kann....

besonders günstig und verspräche

...die bestmögliche Verwerthung der Arbeitskräfte beider Professoren zum Nutzen der Universität und ohne irgendwelche Vermehrung der bisher für Min. u. Geol. disponiblen Mittel.

Sein Vorschlag war, Walther eine selbständiges, eventuell unbezahltes Extraordinariat zu gewähren. Zuletzt ging es noch darum, daß dem Geologen die ungehinderte Nutzung der Sammlung zugesichert werden müsse (da der Museumsdirektor ja der Mineraloge war) ein Problem, das heute ganz unvorstellbar ist!

In einem Begleitschreiben zu diesem Plädoyer, das er „wegen der gewünschten Eile" in den frühen Morgenstunden des 17. März an den Rektor in dessen Wohnung schickte, bedauerte er die Länge des Textes:

Es war mir aber nicht möglich, meine Begründung, wenn sie vollständig und verständlich sein sollte, kürzer zu fassen.

Dieses Sondervotum wird den Boden für einen Brief vorbereitet haben, den Haeckel, der nun endlich selbst eingriff, am 26. März an den Kurator der Universität, Johann Eggeling, schrieb. Er sprach sich darin für die Schaffung eines Extraordinariats für historische Geologie und Paläontologie aus dem ihm zugeordneten Fond der Paul von Ritterschen Stiftung für Phyletische Zoologie aus, aus dem schon eine Professur für letztere finanziert wurde (Uschmann 1959; Franke 1976). Ritter, der mit der Schaffung einer zweiten Stiftungsprofessur einverstanden war, schlug dafür den sehr passenden Namen „Lyell-Professur" vor. Vielleicht konnte man sich dazu nicht entschließen, weil man an den Thüringer Karl Ernst von Hoff dachte, der knapp vor Lyell schon aktualistische

Vorstellungen veröffentlicht hatte. Sie wurde schließlich „Haeckel-Professur" genannt und Walther wurde mit Wirkung vom 1. April 1894 der erste Haeckel-Professor. Die Bezeichnung war ihm, den so viel mit Haeckel verband, natürlich durchaus lieb.

7 Haeckel-Professor in Jena 1894–1906

Aus der Ernennung ergaben sich für Walther natürlich eine ganze Reihe von Verbesserungen. Dank der gewonnenen Selbständigkeit kam es mit dem neuen Ordinarius Linck in der Folge nicht zu Schwierigkeiten. Die veränderte gesellschaftliche Stellung drückt sich in den Briefen an Haeckel sehr hübsch im Wechsel der Anrede vom „hochverehrten" zum „lieben Herrn Professor", später, nach Haeckels Ernennung zum Geheimen Rat, auch zur „lieben Excellenz" aus. Walther war nun auch Mitglied von Haeckels einmal im Monat stattfindendem „Referierabend", dem unter anderem Ernst Abbe (Physik), Max Fürbringer (Anatomie), Wilhelm Müller (Pathologie), Ernst Stahl (Botanik) und auch der neue Mineraloge Gottlob Linck angehörte.

Das Jahresgehalt betrug 1200 Mark. Das war zwar nicht üppig – Willy Kükenthal, der andere, bereits seit 1890 eingesetzte Ritter-Professor, erhielt 1500 Mark – aber Walther war, 34jährig, damit zum ersten Mal im Leben finanziell unabhängig. Sein Einkommen entsprach dem damaligen Gehalt eines Kanzleidieners oder Schutzmannes. Ein Polizeiwachtmeister erhielt mit 1350 Mark Jahresgehalt und 240 Mark Mietentschädigung bereits mehr. Mit 1200 Mark konnte ein einzelner zwar sorgenfrei leben, aber für eine Familie bedeutete ein solches Gehalt schon ein Leben mit stärkeren Einschränkungen. Walther verfügte jedoch über einige zusätzliche Mittel durch die Zinsen der Kapitalrücklage seines Vaters (Kapitel 6):

Nun kann ich mich doch auch als selbständig betrachten, denn mit 1200 M Gehalt und 1200 M Zinsen kann ich höchst nobel leben, solange ich mich von Hymeos Ketten [d.h. von der Ehe] freihalte. Das freilich ist Hauptbedingung und ich bin nicht gewillt, solange meine Situation nicht gründlich besser wird, mich in einen Kampf mit den Existenzmitteln einzulassen. ...solange ich nicht eine kleine Familie erhalten kann, bleibe ich der beklagenswerte single man (an Duisberg, 28. Dezember 1894).

Der beklagenswerte single man! Walther, der von Duisberg seines Junggesellenlebens wegen immer einmal gefoppt wurde, war Frauen keineswegs abgeneigt. Eine leidenschaftliche Episode, die ihn mit einer Künstlerin verband, fiel gerade in dieses Jahr. Zurück zum Gehalt: Der neuernannte Ordinarius Linck erhielt vom Staat das Doppelte, 2340 Mark, plus 660 Mark für die Leitung des Museums. Dazu kamen die ja nicht unbeträchtlichen Hörergelder. Lincks Jahresgehalt lag damit zwischen dem eines Buchhalters und eines Regierungsrates. Man sieht, daß zumindest die Anfagsgehälter von Professoren wirklich gering waren, das galt für Jena besonders. Anders sah es dann bei Zweitberufungen oder nach der Ablehnung von Rufen aus. Beispielsweise bezog der bedeutende Zoologe August Weismann, seit 1867 Ordinarius in Freiburg, im Jahr 1899 5200 Mark (21), der Philosoph Hermann Ebbinghaus, 1905 von Breslau nach Halle berufen, 6800 Mark Jahresgehalt (22). Zum Vergleich mag auch ein Gehaltsangebot interessant sein, das der österreichische Paläontologe Wilhelm Waagen 1880 für eine Stelle bei der preußischen Geologischen Landesanstalt bekam. Mit 8000 Mark wäre das eine Bezahlung gewesen (Waagen ging nicht nach Berlin), wie sie „Vortragende Räte" in den Ministerien beanspruchen konnten – Professoren kamen normalerweise kaum je in diese Ränge (Uhlig, 1900).

7.1 Erweiterte Aufgaben

Mit der Ernennung stiegen auch Walthers Hörerzahlen. Vom Wintersemester 1894/95 berichtet er Duisberg:

Meine Kollegs sind gut im Gang und kosten mir viel Arbeit. Ich lese Geol. der Mineralquellen vor 1 Ordinarius, 2 Extraord. 2 Privatdoz. 2 Assistenten, 3 Studenten. Das ist ein ganz achtbares Auditorium. Meine Paläontologie besuchen 3 ältere Zoologen, die ich auch im Praktikum habe (28. Dezember 1894).

Vom Wintersemester 1904/05 heißt es:

Wir haben ein glänzendes Semester, Palaeontologie und Practikum sind ausgezeichnet besucht, meine Publikationen [öffentliche Vorlesungen] las ich bisher immer vor überfülltem Saal. Die Zuhörer sitzen auf dem Erdboden und stehen noch in der Tür (18. November 1904).

Die beiden von Ritter gestifteten Professuren waren mit der Auflage verbunden, abwechselnd jährlich eine öffentliche Vorlesung abzuhalten, die sich mit phylogenetischen Problemen befassen sollte. Die erste seiner „Ritter-Vorlesungen" hielt Walther am 30. Juni 1894 „Über die Auslese in der Erdgeschichte". Er versuchte hier, neben paläontologischen Beispielen, das Prinzip der Auslese auch für die Gesteinsbildung anzuwenden. Das läßt sich zwar machen, wirkt aber doch recht künstlich (Auswaschung von Tonen aus einem Sediment führt zu Sanden, aus Granit wird durch Erosion und Sortierung schließlich Quarzsandstein etc.). Spätere Vorträge waren zum Beispiel „Plankton, Benthos, Nekton in ihrer Bedeutung für die Palaeontologie" (1896); „Das Oxusproblem in historischer und geologischer Beleuchtung" (1898) und 1904 ein Lieblingsthema „Über die Entstehung und Besiedelung der Tiefseebecken."

Abb. 19. Walthers „Rittervorlesung" 1904 wurde in einem Heft der „Naturwissenschaftlichen Wochenschrift", die für einen breiten Leserkreis gedacht war, gedruckt. Einer der Herausgeber war der Paläobotaniker Henry Potonié [30]

Um die Jahrhundertwende wußte man, von einigen Inseln abgesehen, noch nichts von Tiefseesedimenten auf dem Festland. Die Tiefseebecken mußten deshalb also, einmal entstanden, ortsfest geblieben sein. Erst einige Jahre später erkannte Steinmann als erster die Tiefseenatur mancher Gesteine im Apennin und in den Alpen. An Plattentektonik dachte man erst 6 Jahrzehnte später. Die herrschende Ansicht war, daß die Tiefseebecken im Zusammenhang mit den großen Bewegungen der variszischen Gebirgsbildung vor über 200 Millionen Jahren durch Absenkung von großen hypothetischen Landbrücken entstanden seien. Diese Landbrücken zog man zur Erklärung der verwandtschaftlichen Beziehungen paläozoischer Süßwasserfaunen diesseits und jenseits des Atlantik oder auch zwischen Afrika und Indien heran.

Nach dem sensationellen Fund einer Seelilie in 1000 Meter Wassertiefe in der Nähe der Lofoten suchte man nach weiteren ausgestorben geglaubten Tiergruppen in der Tiefsee. Die „Challenger"-Expedition wurde vor allem deswegen initiiert. An manchen Tiefseeformen stellte man nun die Beziehungen zu Tiergruppen aus dem Erdmittelalter fest. Damit lag der Schluß auf das Alter der Tiefseebecken nahe. Die Faunen mußten in der Trias – und Jurazeit nach Ende der genannten Gebirgsbildungen eingewandert sein. Zwar waren die Prämissen falsch, doch das Ergebnis deckt sich fast mit heutigen Kenntnissen: Für die ältesten Schichten des Atlantikbodens hat man heute durch Mikrofossilien ein oberjurassisches Alter (um 150 Mio. Jahre) bestimmen können.

Im übrigen gingen die gewohnten Aktivitäten weiter. Walther wandte sich verstärkt dem Ziel zu, die Geologie in den Schulen einzuführen. Seine zahlreichen Artikel in einschlägigen Zeitschriften brachten ihm auf der einen Seite Kritik von manchen Fachgenossen ein, die nichts von solcher „Popularisierung" hielten, aber auf der anderen Seite durchaus auch Anerkennung von weiterblickenden Naturwissenschaftlern. So wurde er aufgefordert, für die Tagung der Gesellschaft Deutscher Naturforscher und Ärzte 1904 in Breslau einen Entwurf für den geologischen Schulunterricht zu erarbeiten. Die Thüringer Minister waren bereits so interessiert, daß er sie 1903 geologisch durch das Land führen sollte.

Er wies darauf hin (Walther 1905 a, S. 551) wie gering die Kenntnis allgemeiner geologischer Fragen in weiten Kreisen sei und daß in den deutschen Ländern Millionen gespart werden könnten, wenn Interessenten (er dachte sicherlich auch an Beamte) in der Lage wären, die geologischen Karten, die mit viel Aufwand hergestellt würden, zu lesen und damit zu nutzen (Baden gab damals jährlich 25 000 Mark, Hessen 35 000, Bayern 20 000 und das große Preussen 530 000 Mark für die geologische Kartierung aus). Leider dürfte sich an dieser geringen Nutzung auch heute noch nichts grundlegend geändert haben.

Aus der Hinwendung zum geologischen Schulunterricht, für den sich später Georg Wagner in Württemberg so einsetzte, entstanden einige sehr erfolgreiche Bücher: Eine „Geologische Heimatkunde von Thüringen" (1902), die bereits vier Monate nach ihrem Erscheinen vergriffen war. Die „Vorschule der Geologie" (1905 b) war ebenfalls schon nach sechs Monaten ausverkauft. Sie erreichte 1918 die sechste Auflage, war in 22 000 Exemplaren verkauft und wurde auch ins Russische und Tschechische übersetzt (S. 175).

Die Wirkung ins Volk war ein wichtiges Ziel der besonders von Haeckel so propagierten Naturerziehung. Sie wurde bei dem biologistischen Trend der Weltanschauung weithin als Priorität gesetzt. Walther:

...Ich wirke auf dem Weg über die Lehrerschaft direkt ins Volk und hoffe, daß in einigen Jahren die Geologie in Thüringen populär ist (11. Juli 1902 an Duisberg).

In den zwölf Jenaer Professorenjahren verfaßte Walther außerdem 31 fachliche Artikel mit breit gestreuten Themen, von der Entstehung von Salzlagern über den Transport von Ammonitenschalen bis zu rezenten Bodenbewegungen. Einige Aufsätze, wie beispielsweise diejenigen über das Oxusproblem in Petermanns Mitteilungen (1898 b) oder die Tiefseebecken (1904 c) sind aus seinen Ritter-Vorlesungen erwachsen.

Der wohl interessanteste Aufsatz ist die Studie über die Fauna der Solnhofener Plattenkalke, die 1904 (a) in der Festschrift zu Haeckels 70. Geburtstag erschien. Walther gab hier ein Beispiel dafür, wie er zu einem geologisch-paläontologischen Gesamtbild eines Biotops kommen wollte. Er verfolgte dafür die Häufigkeit von Land- und Seetieren an den verschiedenen Fundpunkten, stellte fest, daß Süß- und Brackwasserarten fehlten, achtete auf das Vorkommen der Pflanzenreste, auf Foraminiferen, die er nur in den Schwammgeweben fand (damals schloß man die Tone und Mergel noch nicht mit Glaubersalz oder Wasserstoffsuperoxid auf, wie es in unserem Jahrhundert üblich wurde). Er stellte fest, daß die Häufigkeit der Saccocomen (flottierender Seelilien) von Eichstätt aus nach allen Seiten hin abnimmt, was ihm den Schluß auf die größte Wassertiefe in diesem Bereich nahelegte; auch die Oolithe bei Schnaitheim übersah er nicht. Sie erinnerten ihn an die „aeolian limestones" der Bermudas. Aus Sammlungsstücken und Fossillisten trug er neben den eigenen Beobachtungen alles zusammen, was zur Erklärung des Solnhofener Biotops beitragen konnte.

Ein weiteres Musterbeispiel für seine „ontologische Methode" ist der ebenfalls 1904 publizierte Artikel über „Die Fauna eines Binnensees in der Buntsandsteinwüste."

Nach umfangreicher Überarbeitung erschien unter dem neuen Titel „Das Gesetz der Wüstenbildung" 1900 die Neubearbeitung der „Denudation in der Wüste" von 1891 (b), nun vor allem ergänzt durch seine Beobachtungen in den nordamerikanischen und asiatischen Wüsten. Ein Hinweis auf die Kritik, die die erste Fassung von manchen Seiten erfuhr, findet sich in einem undatierten, wohl kurz vor dem Erscheinen des Buches an Richthofen gerichteten Brief:

...Ich bin bestrebt, noch alles herauszustreichen, was der Knappheit des Textes irgendwie Eintrag tut und überall etwaige allzu entschiedene Sätze zu mildern. Denn ich möchte erstens, daß man mein Buch liest und zweitens, daß sein Inhalt keine andere Opposition hervorruft, als es die neu ausgesprochenen Gedanken verlangen (23).

Die Knappheit des Textes! Ein knapper Text von heute ist damit nicht vergleichbar. Walther, darin ganz ein Mensch des 19. Jahrhunderts, versagte sich nie, seine Bücher auch zu Lesebüchern zu machen. Ein Sonnenaufgang in der Wüste:

Rasch folgt auf die kalte, sternenklare Nacht der Morgen. Schon vor Tagesgrauen zünden die Beduinen das Feuer an und bald dämmert im Osten das Licht des kommenden Tages. Der blasse Lichtschimmer verstärkt sich mehr und mehr; im zarten Gelbgrün erglänzt der östliche Himmel und schon fliegt am scharf gezeichneten Horizont der erste Lichtstrahl über die Ebene. Schnell folgen ihm andere Lichtblitze und endlich flutet das Tageslicht in breitem Strom über das Gelände. Rasch hebt sich die Sonne empor und mit ihr steigt die Temperatur der Luft. Bald erwärmt sich auch der Boden, und wenn die glühenden Sonnenstrahlen den hellen Boden erhitzen, ziehen die Beduinen ihre aus Seekuh-Haut geschnittenen Sandalen an (Walther 1924, S. 64).

Ein wahres Meisterwerk ist seine Schilderung eines Sturzregens:

Das scheinbar unmögliche wird Wirklichkeit: Riesengroße Felsquadern beginnen sich zu bewegen, kiesüberdeckte Flächen geraten in Fluß, ein Sandbrei fließt vom Rande des Dünengebietes herab und breitet sich in langen Zungen wie ein weicher Kuchenteig über die Ebene. Alle Tonflächen, Neulinge und Lößlager werden erweicht und fließen nach den Niederungen und im Nu sind die Salzmassen gelöst und abgeleckt, die durch jahrelange Trockenheit geschützt überall den Boden überzogen. Unaufhaltsam wie eine Sintflut wälzt sich die unheimliche Masse weiter, und wenn irgendwo jene uralten Vorstellungen von geologischen Katastrophen Realität gewinnen, so ist es bei einem Wolkenbruch in der Wüste (Walther 1924, S. 39).

Abb. 20. Das in Kreidekalke tief eingeschnittene Wadi Tarfeh zeigt eine der spärlichen Quellen im Wüstengebiet. Walther nannte sie „eher Wasserlöcher". Georg Schweinfurth [Walther 1900, Abb. 27]

Nichts, was sich irgend beobachten und bedenken läßt, blieb in diesem Wüstenbuch außer acht. Selbst auf den Menschen in der Wüste, die Auswirkungen der extremen Umwelt auf das Weltbild ihrer Bewohner, ging er ein.

In diese Jenaer Professorenjahre fiel nur eine große Reise, diejenige nach Rußland-Zentralasien. Walther war jedoch, wann immer es möglich war, auf Exkursionen in Europa unterwegs und unternahm unermüdlich geologische Wanderungen durch Deutschland. Er wollte ja das im Ausland Gesehene betont für die heimische Geologie nutzbar machen. Heimatliebe war seit der Romantik ein bedeutender Zug des deutschen Zeitgeistes. Eine Postkarte an Haeckel weist auf die Ausdauer solcher Wanderungen hin:

Gruß von der Kammhöhe des Erzgebirges, das ich heute zum dritten Male kreuze... (1. Juli 1898).

Solche Ausdauer beim Wandern war für Geologen damals ganz selbstverständlich. Den Brief an Richthofen, aus dem eben bereits zitiert wurde, schrieb er auf einer Vogtland-Wanderung, er zeigt die ganze Fülle von Assoziationen, die sich ihm dabei eröffneten:

...Gestern war ich im Plauen'schen Grund und wanderte lange auf der cenomanen Abrasionsfläche über dem Syenit umher. Es fiel mir besonders die große Übereinstimmung im petrographischen Charakter des Basaltpläners mit den Basaltgesteinen der südindischen Kreide auf, und die sehr geringe Dicke von dem Basalconglomerat. Ich möchte diese Studien weiter verfolgen, um den Abrasionsvorgang in seinen Einzelheiten zu analysieren. Sehr auffallend war mir die große Seltenheit von Pflanzenabdrücken auf den Halden der rothliegenden Kohlengruben. Sie regt in mir wieder einen alten Gedanken an, ob die uns erhaltene Kohleflora wirklich die eigentlichen Kohlebildner darstellt, oder ob nicht neben Farnen und Calamiten noch ein anderes Florenelement vorhanden gewesen ist, das die amorphe Kohlensubstanz lieferte. Wenn man sieht, wie die dünnsten Kohlenstofflamellen das klastische Gestein durchziehen, ohne irgendwelche organischen Spuren zu zeigen, dann möchte man nach anderen Pflanzen suchen, die vielleicht nur undeutliche Spuren hinterließen, und zwischen denen Calamiten und Farne nur als Dekorationspflanzen wuchsen. In den nächsten Fragen will ich nach dem Südabfall des Erzgebirges, um einige tektonische Fragen zu verfolgen... (23).

Eine neue Aufabe hatte er zu übernehmen, als er im September zum 2. Vorsitzenden (er schrieb: „also zum Dauervorsitzenden") der Medicinisch-Naturwissenschaftlichen Gesellschaft gewählt wurde. Sie unterhielt eine rege Vortragstätigkeit, die sehr stark von Abbe, Haeckel und Gegenbaur getragen wurde, und eine eigene angesehene Zeitschrift. Die Gesellschaft war zu dieser Zeit in Schwierigkeiten: Man hatte seit längerer Zeit die Ergebnisse einer Forschungsreise von Richard Semon, der von 1891-1897 Professor der Anatomie in Jena war und der aus Neuguinea umfangreiches Material mitgebracht hatte, in einzelnen Folgen veröffentlicht. Das hatte das Barvermögen der Gesellschaft aufgezehrt, und man stand vor der Entscheidung, die weitere Veröffentlichung des „Semonwerkes" zu unterbrechen, wenn nicht aufzugeben. Walther wollte Semon, der vermögend war, zu einem Beitrag in eigener Sache bewegen. Dazu wandte er sich nach Heidelberg und bat Fürbringer, der inzwischen dort lehrte, um Vermittlung (in Jena war man auf Semon nicht mehr gut zu sprechen, seit dieser mit einer dortigen Kollegenfrau auf und davon gegangen war). Als Fürbringers Versuch scheiterte, sprang schließlich die Thüringer Regierung ein, auch der Fischer-Verlag half, und so konnte Walther am 11. Juli an Duisberg schreiben:

...Den Sommer habe ich ein großes Werk vollendet, indem ich die Finanzen unserer medic. naturwissenschaftlichen Gesellschaft, die ganz verwirtschaftet waren reorganisiert habe. ...solche Dinge, die einen eigentlich gar nicht angehen, machen viel Mühe und Kopfzerbrechen....

Doch nicht nur fachlich, auch gesellschaftlich war Walther eingespannt, als „Vergnügungsrat" der Rosengesellschaft, eines geselligen Zusammenschlusses Jenaer Bürger (S. 12), für dessen Festprogramme er zuständig war.

Gelegentlich klagte er in seinen Briefen über Erschöpfung, was bei allen Unternehmungen so erstaunlich nicht ist. Duisberg seinerseits kannte solche Erschöpfungszustände recht gut. Man hat damals keineswegs weniger gearbeitet als heute.

7.2 Heirat

Seit seiner Studienzeit hatte Walther die Verbindung mit einem früheren Assistenten Haeckels, Willibald Hentschel, aufrechterhalten, der in seiner Jenaer Zeit ebenfalls Mitglied des studentischen naturwissenschaftlichen Vereins war. Nach einigen Stationen als wissenschaftlicher Assistent in Dresden, Leipzig und Jena übernahm dieser von einem Verwandten zwei schlesische Güter und lebte in Seiffersdorf in Niederschlesien. Der Vater, Eduard Hentschel, war Leiter einer Textilfabrik in Lodz und besaß dort in der Umgebung ein Gut, Djelassnow. Die Familie stammte ursprünglich aus dem Sudetenland, und erst der Vater war nach Lodz gegangen. (freundliche Mitteilung von Frau Sigrun Carl, Freiburg). Ein Haus in Dresden war nützlich, um Kontakte zu pflegen, für die Lodz zu weit entfernt war und wurde von der Familie öfter genutzt.

Walther fuhr gelegentlich zu Besuch nach Seiffersdorf. Dort traf er im Herbst 1898 Willibald Hentschels damals 26jährige jüngste Schwester Johanna, die er zuerst 1881 und danach einige Male nur flüchtig gesehen hatte. Johanna („Janna") ihrerseits soll seit Jahren der Überzeugung gewesen sein, daß nur Walther als Ehemann für sie in Frage kam (ähnlich wie Johanna Duisberg bei der ersten Begegnung mit ihrem zukünftigen Mann gedacht haben soll: der oder keiner). Bei diesem Besuch erkannte nun auch Walther in ihr die Frau seiner Wahl. Am 15. Oktober meldete er Haeckel auf einer Postkarte die Verlobung, und am 18. schrieb er ausführlicher über sein eben gefundes Glück an Duisberg:

Ihr stilles zurückhaltendes Wesen erinnert mich sehr an Deine liebe Frau.

Abb. 21. Johannes Walther und Frau Janna Walther in den 1890er Jahren (Überlassen von Frau Sigrun Carl)

Die Hochzeit fand im März des folgenden Jahres 1899 in Dresden statt. Das Paar reiste anschließend für vier Wochen nach Rom und kam am 18. April nach Jena, gerade rechtzeitig, um bei Semesterbeginn die große Tour der Antrittsbesuche zu bewältigen. Am 21. Mai meldete Walther: ,,Gestern sind wir mit unseren 75 Besuchen fertiggeworden!" Die neue Wohnung lag in der Hauptstraße 12 (heute noch August-Bebel-Straße genannt), wo eine verwitterte Tafel am Haus noch an Johannes Walther erinnert. Walther war mit dem neuen Leben sehr glücklich. Er genoß die gemeinsamen Vorlesungsabende und mahnte Duisberg einmal vorwurfsvoll, sich mehr Zeit für seine Familie zu nehmen. An große Reisen dachte er in den ersten zehn Jahren seiner jungen Ehe nicht, ,,weil man das einer Frau nicht zumuten kann." Dennoch war er, wie schon geschildert, viel unterwegs, und seine Frau blieb sich selbst überlassen, was ihr nicht immer leicht gefallen sein mag, denn sie hatte eine schwermütige Veranlagung. Walther schrieb einmal von den quälenden nervösen Stimmungen, an denen sie seit ihrer Kindheit leide.

Im übrigen fand sie sich, ,,still und zurückhaltend" offenbar gut in die traditionellen Aufgaben einer Professorenfrau, die neben der Führung des Haushaltes und der Pflege von Geselligkeit für gewöhnlich auch die Korrekturarbeiten an den Manuskripten des Mannes einschloß. In seinen Büchern dankte ihr Walther mehrmals für ihre Hilfe in diesem Bereich.

Im Januar 1900 wurde der Sohn Hellmut geboren. Ein zweites Kind starb 1903 bei der Geburt. Umso größer war das Glück der späten Eltern, als fünf Jahre später die Tochter Sigrun zur Welt kam. Carl Duisberg wurde ihr Pate.

8 Die Berufung nach Halle

...Ein paar Jahre möchte ich hier noch still weiterpublizieren, dann wünsche ich mir eine größere Lehrthätigkeit, vielleicht gibt mir das Schicksal zur rechten Zeit die Gelegenheit.

hatte Walther am 23. September 1900 an den Freund geschrieben. Sechs Jahre später gab es diese Gelegenheit mit der Berufung nach Halle als Nachfolger Karl von Fritschs. Auch dieses Mal verlief die Vorgeschichte nicht reibungslos, und noch einmal kreuzte Gustav Steinmann, seit 1886 in Freiburg, seinen Weg. Am 18. Februar 1906 teilte Walther Duisberg mit, daß er in Halle für das freigewordene Ordinariat an zweiter Stelle vorgeschlagen sei. Er bemerkte auch, daß im Frühjahr der Lehrstuhl in Bonn neu besetzt werden sollte. Dorthin würde es ihn eher ziehen:

...seit ich 1880 mit Dir dort auf der Terasse stand, ...meine stille Liebe....

Die Hallenser Fakultät hatte Steinmann an erste, Walther zusammen mit Ernst v. Koken an zweite Stelle der Berufungsliste gesetzt, wobei sie ihm in ihrem Vorschlag an das Kultusministerium durch die Reihenfolge der Nennung und den Hinweis des Schlußsatzes einen gewissen Vorzug einräumte:

An zweiter Stelle und zwar pari loco schlägt die Fakultät zwei Gelehrte vor, die zwar nicht die Vielseitigkeit Steinmanns besitzen, aber ebenfalls jeder in seinem Gebiet ausgezeichnetes geleistet haben, den außerordentlichen Professor der Universität Jena, Dr. *Johannes Walther* und den ordentlichen Professor der Universität Tübingen, *Ernst Koken*.

Johannes Walther (geb. 1860) ist in Deutschland der hervorragendste Vertreter der dynamischen Geologie. Seine glänzenden Untersuchungen über die Denudation in der Wüste, die Frucht ausgedehnter Forschungsreisen in Nordafrika, Nordamerika und Vorderasien, haben eine Fülle von neuen Ergebnissen gezeitigt. Ebenso haben seine Beobachtungen über die Riffbauten bei Neapel, im Rothen Meer und bei Ceylon die Lehre von der Entstehung zoogener Gesteine erheblich gefördert. Daß er mit Stratigraphie und Feldgeologie wohl vertraut ist, hat er außer durch kleinere Arbeiten auch durch seine großen zusammenfassenden Werke dargeboten. Er wird als trefflicher Redner und anregender Lehrer sehr gerühmt. Für Halle würde er sich ganz besonders auch wegen seiner gründlichen Kenntnis der geologischen Verhältnisse des benachbarten Thüringens eignen (24).

Das Berufungsverfahren zog sich wiederum in die Länge.
In dieser Wartezeit schrieb Walther an Duisberg:

...Du kennst meine Grundsätze in Sachen des äußeren Lebens und wirst verstehen, wenn ich selbst keinen Schritt tue; ich meine, daß man dem Schicksal seinen Lauf lassen soll... (10. Juli 1906).

Duisberg, der sich wie immer in Berlin um ihn bemühte, fand ihn in diesem Punkte altmodisch:

...Im übrigen stehe ich durchaus nicht auf dem Standpunkt, den Du leider im Briefe vom 10. ds. einnimmst. Du willst Dich nicht anbieten, sondern man soll dich suchen. Ja lieber Freund, dann wirst Du wohl dauernd in Jena sitzenbleiben, denn in unserer Zeit ist auch die Anstellung von akademischen Lehrern eine reine Geschäftssache geworden, bei der Angebot und Nachfrage mitspielt. Ich sehe, wie notwendig es ist, daß einmal ein solch moderner Mensch wie ich es bin, mit Dir redet... (14. Juli).

Darauf Walther:

...Du meinst es gut und ich würde mich dankbar freuen, wenn Dein Einfluß und die Empfehlungen von B. [Böttinger], der sich so rührend meiner angenommen hat, mir zu einer höheren Staffel helfen könnte – aber ich selbst kann dabei nur meine wissenschaftlichen Leistungen in die Waagschale werfen, und meine Natur zwingt mich, persönlich in einer gewissen Reserve zu bleiben. Gerade, daß so manche Kollegen scharwenzeln und streben, ist mir in der Seele zuwider. Stolz will ich durchs Leben gehen. Wenn man mich um meiner Gaben als Lehrer, um meiner Arbeiten als Forscher haben möchte, dann soll es mich keine Mühe verdrießen, daß in mich gesetzte Vertrauen voll zu rechtfertigen. Aber unter die Schnur des Bittstellers werde ich micht nicht drängen.
Ich glaube, im Grunde weichen unsere Ansichten über solche Dinge *nicht* so sehr voneinander ab, wie es Dir erscheint. Du bist doch auch ein ganzer Kerl mit stolzem Selbstgefühl, *der nicht bittet wo er fordern kann.* Wer für mich eintritt, der wird sich in meinen Leistungen nicht täuschen – aber es würde mir nicht anstehen, Bittschriften zu verfassen... (16. Juli).

Es ist eine Antwort, die ihn ehrt.
Die Rolle, die Steinmann bei diesem langen Vorlauf der Berufung spielte, wird zwar in ihrem Ziel, aber nicht in den Vorgängen klar. Er verhandelte in Berlin offensichtlich mehrfach, und es scheint, daß er damit Zeit gewinnen wollte, um statt des Rufes nach Halle an den nach Bonn zu kommen. Darüber blühte natürlich manches Gerücht. So hieß

es um den 10. Juli, daß er in Halle angenommen habe. In den Unterlagen des Kultusministeriums ist darüber jedoch nichts zu finden. Kurz nachdem dann der Ruf nach Bonn an Steinmann ergangen war, schrieb Walther:

...Steinmann war in Bonn nicht vorgeschlagen, wollte aber dorthin, deshalb nahm er vorübergehend Halle an... (10. August).

Mit Steinmanns Absage war für Walther der Weg nach Halle frei. Als er den eben zitierten Brief an Duisberg schrieb, war er bereits zu Verhandlungen in Berlin gewesen und hatte Zusagen für den Ausbau des Instituts erhalten.

Am 18. Oktober teilte ihm der „Minister für die geistlichen, Unterrichts- und Medizinalangelegenheiten" seine Ernennung zum ordentlichen Professor für Geologie und Paläontologie und gleichzeitig die Bestallung als Direktor des Mineralogischen Institutes mit, bei einer Besoldung von 4000 Mark jährlich und dem tarifmäßigen Wohnungszuschuß von 660 Mark.

Die Honorare seiner „Vorlesungen aller Art" sollten nach den bestehenden Bestimmungen zur Hälfte in die Staatskasse fließen, wenn sie 3000 Mark überschreiten sollten. Verglichen mit Jena, wo er erst seit 1903 1500 Mark im Jahr erhielt, bedeutete das alles eine wesentliche Verbesserung seiner Lebensumstände, von dem gewonnenen Freiraum als Institutsdirektor nicht zu reden. Sein Nachfolger in Jena wurde der schon 1910 verstorbene Emil Philippi, der bei der Südpolar-Expedition der „Gauss" aktiv Meeresgeologie betrieben hatte.

8.1 Aufbau in Halle

Walther, der zunächst noch die Absicht gehabt hatte, nach Neapel zu gehen, mußte diese Pläne sogleich aufgeben, um mit den Vorlesungen des Wintersemesters zu beginnen. Halle war nicht eben die Universitätsstadt seiner Träume. Es gab – und gibt vielleicht noch heute – viele Witze über die vom Schicksal geschlagenen Beamten, die dorthin versetzt wurden. Die wegen der Salzgewinnung schon im Mittelalter wichtige Stadt wuchs in der Gründerzeit sehr rasch und wurde wegen der Nähe der Braunkohlereviere zur Industriestadt. Außer den Partien am Saaleufer und dem mittelalterlichen Marktplatz bot sie wenig Anziehendes. Als

Schul- und Hochschulstadt hatte sie jedoch seit langem einen Namen. Die Universität galt als „Arbeitsuniversität." Ihr Lehrkörper war in allen Fakultäten sehr gut besetzt. Sie war weit größer als Jena, hatte im Wintersemester 1906/07 2468 eingeschriebene Hörer, im Sommersemester 1909 2093 (darunter 23 Frauen), im Wintersemester 1909/10 2660, also mehr als dreimal soviele wie Jena zur gleichen Zeit (25). In ähnlicher Größenordnung wie Halle lag etwa die Universität Freiburg mit 2578 Studenten im Sommersemester 1907 (hier fielen die Zahlen im Winter stärker ab – man lief noch nicht Ski; 26). Die geologisch so interessante Umgebung von Halle, in der die Gesteine fast aller Erdzeitalter seit dem Karbon leicht zugänglich waren, bot fachlich viel Anreiz.

So konnte Walther wohl zufrieden sein. Das Institut hatte, zusammen mit anderen Instituten, seine Räume in einem romantischen Gebäude, der ehemaligen Residenz des Kardinals Albrecht, des großen Renaissancebauherrn der Stadt, benötigte indessen dringend Erweiterungen. Die-

Abb. 22. Ein typisches Geologenbild: Walther und sein Assistent Dr. F. Meinecke (links) nach Befahrung einer Kaolingrube mit einem zur Grubenverwaltung gehörendem Mitarbeiter (rechts) [34]

ser Aufgabe widmete sich Walther in den nächsten Jahren mit Nachdruck:

Ich bin in schöner Thätigkeit und freue mich, daß ich meine in Jena oft gehemmten Kräfte hier nach allen Seiten regen kann. Mein Institut verwandelt sich, ich hoffe daß das Abgeordnetenhaus mir 43 000 Mark bewilligt, um dann mit neuem Hörsaal, genügend Räumen und mancherlei anderen Einrichtungen einen modernen Betrieb zu führen (7. Juli 1907 an Duisberg).

Was alles geschah und noch geschehen sollte, schilderte er in einem 1907 in der „Chronik der Universität Halle" erschienenen Artikel: Seinem Vorgänger, Karl von Fritsch, sei es zu verdanken, daß sich das einstige „Mineralogische Kabinett" zu einem Institut entwickelte, in dem zuletzt sieben Mitarbeiter als Dozenten und Assistenten gleichzeitig

Abb. 23. Blick durch das Eingangsportal in den Innenhof des Geologischen Instituts in Halle, um 1940

tätig waren. Der Wert der gewaltig gewachsenen Sammlungen sei mit 200 000 Mark nicht überschätzt. Doch mangelte es an Platz. So wurde der Kreuzgang der Residenz für Sammlungen hergerichtet, ein Keller umgebaut, die Katalogisierung der Hauptsammlung und der Bibliothek überarbeitet oder in Angriff genommen und schließlich die inzwischen an einen Antiquar nach Leipzig verkaufte wertvolle Bibliothek von Fritschs in ihren wesentlichen Teilen zurückgekauft.

Einen Führer durch die Schausammlungen verfaßte Walther 1914, er erschien 1924 in erweiterter Form aufs neue. Am Aufbau der Sammlungen nahm er tätigen Anteil. So bildete er zum Beispiel ein Stück Riff aus Korallen des Roten Meeres nach.

Zwar wurde sein erster Antrag auf die 43 000 Mark 1907 vom Finanzminister abgelehnt, doch der Kurator versah ihn mit allerlei Mitteln, so daß er sieben Räume ausbauen konnte. 1908 wurden die Umbaupläne dann doch genehmigt, und damit sollten auch Zentralheizung und elektrisches Licht ins Institut kommen.

Im Institut arbeiteten außer ihm der Mineraloge Otto Luedecke und die beiden Dozenten für Geologie, Walther Scupin (später in Dorpat) und Ewald Wüst, der den Lehrstuhl in Kiel 1910 übernahm. Die Grundvorlesung teilte sich Walther mit dem Mineralogen. Er las im Sommer Allgemeine Geologie. Luedecke im Winter die Grundvorlesung in Mineralogie. Die Vorlesungsankündigung für das Sommersemester 1909 vom 15. April bis 15. August soll ein Beispiel für das Lehrprogramm sein:

Allgemeine Geologie	Walther	Die–Frei	10–11
Gesteinslehre als Grundlage der Bodenkunde mit Exkursion	Walther mit Scupin	Frei 4	4– 6
Grundzüge der Erdgeschichte	Scupin	Mo, Do	12– 1
Die erdgeschichtliche Entwicklung und der Bau von Sachsen und Thüringen	Wüst	Mi	4– 5
Petrographie	Luedecke	Do, Frei	11–12
Über Kohlen und Salze	Scupin	Die	12– 1
Anfängerpraktikum Geologie	Wüst	Mi und jeden 2. Sonnabend im Gelände	5– 6

Geolog. Praktikum für Anfänger und Landwirte	Walther	4-stdg.
Anleitung zu geologischen Beobachtungen auf Reisen Exkursionen	Walther nach Verabr., priv. (27)	

Das war ein achtbares Semesterprogramm, und noch für Jahre nach dem zweiten Weltkrieg sahen die Vorlesungsankündigungen in den Geologischen Instituten kaum anders aus, bis dann im Laufe der letzten 30 Jahre mehr und mehr Spezialvorlesungen dazukamen. Man beachte nebenbei die lange Semesterdauer. Das Wintersemester 1906/07 war vom 15. Oktober bis 15. März angesetzt. Sechs Semester würden heute 7 1/2 bedeuten!

Mit seinen Lehrerfolgen konnte Walther zufrieden sein. Er schrieb (am 9. Mai 1907) daß im Wintersemester im „Publicum", seiner öffentlichen Vorlesung an 300 Hörer saßen. Das waren mehr als die naturwissenschaftliche Fakultät Studenten hatte (1907: 206 Naturwissenschaftler). Er hatte inzwischen fünf Doktoranden und mußte einen weiteren wegen Platzmangels abweisen. Nun, im Sommersemester 1907 las er vor 25 Hörern die Erdgeschichte und hatte 40 im Anfängerpraktikum (an dem die Geographen und Landwirte beteiligt waren). Von Anfang an hatte er geplant, die Fächer Geologie und Mineralogie zu trennen, sobald sich dazu eine Möglichkeit ergeben würde. Als 1911 Otto Luedecke unerwartet starb und Hendrik Boeke sein Nachfolger wurde, sah er die Chance, ihn im darauffolgenden Jahr die Fakultät als Ordinarius vorzuschlagen.

Nachdem ich mein geolog. Institut erbaut und eingerichtet habe, so daß den modernsten Anforderungen des Unterrichts Genüge gethan ist, ist es mir Ehrensache, nun die Mineralogische Abtheilung auf gleiche Höhe zu bringen. Gerade weil ich 26 Jahre lang in Jena von den Mineralogen Kalkowski-Linck elend unterdrückt und drangsaliert worden bin, soll hier die Mineralogie als völlig gleichwertige Wissenschaft zur Geltung kommen. Boeke ist der rechte Mann, um die Sache in Gang zu bringen (30. Dezember 1912).

Die Angelegenheit zog sich in die Länge, Boeke nahm einen Ruf nach Frankfurt an, und so wurde erst Ferdinand von Wolff 1914 als Ordinarius für Mineralogie berufen.

Nach Credners Emeritierung im Jahre 1912 erreichte Walther die Anfrage, ob er dessen Nachfolge in Leipzig antreten wolle. Er lehnte dies ab, weil mit der Professur die Leitung der Sächsischen Geologischen Landesanstalt verbunden war. Das reizte ihn wenig. Statt seiner kam, nur für zwei Semester, der junge Hans Stille, der gleich wieder nach Göttingen abwanderte (Carlé 1988, S. 111, 112). Mit dessen Nachfolger, Franz Kossmat aus Graz, entwickelte sich eine freundliche Zusammenarbeit. Man hielt regelmäßig gemeinsame Kolloquien ab, an denen sich auch die Geologen aus Jena beteiligten.

In die Zeit des Aufbaus in Halle fiel auch der Beginn seiner Freundschaft mit Sven Hedin. Hedin besuchte Walther zuerst 1908. Die Begegnung muß beiden viel bedeutet haben, denn Walther, verwendete in seinen anschließenden Briefen sogleich die Anrede „Lieber Freund" (Walthers Briefe an Hedin befinden sich im Rijksarkivet, Stockholm). Er kam in Rahmen einer sommerlichen Schweden-Norwegenreise 1912 zu einem zweitägigen Familienbesuch zu den Hedins.

1910 besuchte ihn der bedeutende amerikanische Geologe Amadeus Grabau, seit 1905 Professor an der Columbia University, bei seiner ausgedehnten Europareise. Auch hier war die Brücke zwischen den beiden Männern rasch geschlagen. In seinem 1913 erschienenen Buch „Principles of Stratigraphy", das er Walther widmete, schrieb Grabau: „Derjenige, dem diese Seiten gewidmet sind, wird wissen, daß die in seiner anregenden (inspirating) Gesellschaft verbrachten Tage im Gelände und im Studierzimmer zu den mächtigen Einflüssen gehören, die dazu verhalfen, dieses Buch zu gestalten."

Auch die Verbindungen nach England pflegte Walther weiter: Er fuhr 1906 zur Tagung der „British Association for the Advancement of Science", war 1909 als Delegierter bei der Darwinfeier in Cambridge und stand mit mehreren englischen Kollegen auf gutem Fuße. Im Sommer 1913 wurde er zu Vorträgen an die Universität London eingeladen. Vorstand der Geologie im University College war damals Edmund J. Garwood. Die Ankündigung der Vorträge ist dort erhalten. Die Themen waren: „Denudation und Sedimentation in der Lybischen Wüste"; „Wüstenbildungen in vorkambrischer Zeit"; „Die permotriassische Wüste Mitteleuropas" (auf englisch). Er befand sich bei diesen Vorträgen in guter Gesellschaft: Direkt über seiner Ankündigung steht die des physikalischen Chemikers und späteren Nobelpreisträgers Hermann Nernst aus Berlin, (Kopie überlassen durch Ms. E. Gibson, University College, London).

Zum privaten Teil seines Wechsels nach Halle: In der Fasanenstraße, einer ruhigen kleinen Nebenstraße im Norden der Stadt, nahe dem Zoologischen Garten, baute er nun sein eigenes Haus, ganz im Grünen gelegen. „Es ist eigentlich der schönste kleine Bauplatz von ganz Halle" schrieb er im Mai 1907 glücklich an Haeckel.

Ein geselliger Kreis fand sich rasch. Beim Bildungsbürgertum waren Lesekreise ein wichtiger Bestandteil der Geselligkeit. Die Walthers unterhielten deren zwei. Alle zwei Wochen hatte Frau Walther abends um 18 Uhr ihr „Goethekränzchen" mit einigen Kollegendamen, denen sich um 20 Uhr dann auch die Herren anschlossen, der Chemiker Daniel Vorländer und der Mathematiker August Gutzmer. Der zweite Kreis vereinigte fünf Ehepaare, unter denen sich der Kurator der Universität, Geheimrat Gottfried Meyer, und der Philosoph und Psychiater Georg Ziehen mit ihren Frauen befanden. Dazu kamen die Referierabende im „Ebbinghauskreis", benannt nach dem 1909 verstorbenen Philosophen Hermann Ebbinghaus.

8.2 Lehrerausbildung in Geologie?

Walthers Briefwechsel mit Duisberg konzentrierte sich im September 1907 auf die Lehrerfortbildung in Geologie und Mineralogie. Duisberg gehörte einer Unterkommision der Regierung an, die Reformen des naturwissenschaftlichen Unterrichtes erarbeiten sollte. In Halle war der Mathematiker August Gutzmer daran beteiligt, der Walther mitgeteilt hatte, daß man die beiden Fächer in der Schule einführen wollte. Dazu äußerte Walther einige Bedenken betreffs der Mineralogie:

Wenn Mineralogie voransteht, wird es eine Gedächtnisdisziplin. Es wird dann darauf hinauskommen, daß der Lehrer eine Anzahl Gesteine und Mineralien benennen kann, das bedeutet eine *Vergrößerung des Lernstoffes* für Schule und Examen. Will man aber eine Vertiefung des naturw. Unterrichts dann muß die Geol. unbedingt vorangestellt werden denn der Bildungswert der Geol. beruht nicht in der Anregung gewisser Diagnosen und Formalien, sondern wesentlich darauf, daß sie das Zeitbild erweitert und das kausale Denken übt....

Zudem gewinnt der Schüler durch die geol. Schulung eine Fülle ihm bis dahin unbekannter Kausalreihen. Der Fluß strömt nicht allein durch die Talrinne, sondern er hat sie auch geschaffen. Der Regen erniedrigt nicht nur den Berg, sondern er hat ihn auch losgelöst von anderen Berggruppen. Die Ackererde ruht nicht auf dem Felsengrund, sondern ist aus ihm entstanden....

Das alles steht und fällt mir der Praxis der akadem. Examen und des Schulunterrichts mit der scheinbar nebensächlichen Frage, ob Min. oder Geol. *zuerst* genannt wird... (2. September 1907).

Duisbergs Antwort:

Was nun die Frage Mineralogie-Geologie oder Geologie Mineralogie betrifft, so bin ich darin ganz Deiner Meinung, aber Du weißt selbst, daß die Mineralogie an allen Universitäten durch den Ordinarius vertreten ist, was man von der Geologie nicht sagen kann. Ich halte vom Mineralogieunterricht gar nichts. Wir haben auch, wie Du gesehen hast, die Mineralogie der Chemie zugeteilt, während die Geologie als Abschluß des ganzen naturwissenschaftlichen Unterrichts die Biologie krönen soll. Bei der Ausbildung der Lehrer, die natürlich von allem ganz erheblich mehr wissen und können müssen, läßt sich aber die Mineralogie nicht mit der Chemie vereinigen und muß selbständig behandelt werden (9. September 1907).

Duisberg hielt die Reihenfolge für unwichtig und meinte, es genüge, die Vorrangstellung der Geologie zu betonen. Walther blieb anderer Meinung:

An den deutschen Hochschulen gibts 10 Ordinariate für Mineralogie neben einem Ord. [inarius] f. Geol., 8 Ordinariate für Mineral.- und Geologie (ohne geol. Ordinarius) und nur 3 Ordinariate für Geol. (ohne mineral. Ordinarius).
Wenn es im Prüfungsfach Min. + Geol. lautet, dann ist ganz selbstverständlich, daß dieses Fach an 18 Hochschulen vom Mineralogen geprüft wird. Das bedeutet für alle Zeiten das Vorherrschen der Mineralogie im Unterricht aller Schulen, wobei die Geologie *bloße Dekoration* wird!... Es steht viel auf dem Spiel (13. September).

Trotz der Arbeit dieser Kommission und anderer Bemühungen, an denen später auch Franz Kossmat in Leipzig regen Anteil nahm, kam es aber nicht zu einem wirklichen Durchbruch der beiden Fächer für den Schulunterricht, zumindest nicht in Preußen. In Württemberg war Geologie schon am Ende des 19. Jahrhunderts Prüfungsfach im Abitur. Die Briefe sind vor allem deshalb interessant, weil die Situation der beiden Fächer deutlich wird und weil sie zeigen, wie ernst Walther die Fragen des Schulunterrichts nahm.

8.3 Neue Bücher

Aus diesem Grund übernahm er 1908 auch die Aufgabe, eine leichtverständliche Geologie von Deutschland zu schreiben.

Es ist geradezu sonderbar, daß es keine G. von Deutschland gibt, denn das dicke Werk von Lepsius ist nur dem Fachmann verständlich. Die Anordnung des Stoffes, der für diesen Zweck noch nicht geordnet worden ist, macht mir grosse Mühe aber da ich diesen Sommer von 2 anderen grossen Firmen um eine Geol. v. Deutsch. angegangen worden bin, fühle ich doch, daß man gerade von mir so ein Buch erwarte und will die schwere Aufgabe durchführen (an Haeckel, 26. Dez. 1908).

Das Buch erschien 1910 und fand viel Anerkennung (1910 a). Seine Gabe, wissenschaftliche Sachverhalte mit einfachen Worten und dazu mit einer spürbaren Begeisterung darzustellen, sicherte ihm große Leserzahlen in jener Zeit, in der mit der sozialen Entfaltung der Bevölkerung eine sehr rege Bildungsarbeit einherging:

Um 1900 las jedermann, das Dienstmädchen las Romane ebenso wie der Hausknecht und der Ladengehilfe. Die Masse las. Sie las aber nicht nur Schöngeistiges und Politisches, sondern auch Wissenschaftliches (Valjavec 1961, S. 499).

Nicht nur Walther, sondern viele andere Professoren schrieben für das Volk. Haeckel natürlich, zunächst mit seinen Reisebüchern, dann aber mit der „Natürlichen Schöpfungsgeschichte" und den „Welträtseln." Geologen, die Reiseberichte verfaßten, waren etwa Oscar Fraas („Aus dem Orient"), Karl Zittel (Schilderung seiner Lybienreise), Othenio Abel („Amerikafahrt"), Edmund Naumann („Vom Goldnen Horn zu den Quellen des Euphrat", 1893). Henry Potonié fungierte als Mitherausgeber der „Naturwissenschaftlichen Wochenschrift" für ein breites Publikum (Abb. 19).

In diesen Jahren vor dem ersten Weltkrieg wurde Walther dank des Erfolgs seiner Bücher, die alle vier oder mehr Auflagen erlebten, ein bei verschiedenen Verlagen gefragter Autor, dessen Bücher zum Beispiel auch im „Vorwärts" besprochen wurden.

Das vergangene Jahr bedeutet für mich einen literarischen Höhepunkt, denn die Bücher waren vergriffen und mußten neu bearbeitet werden; das ist ein eleganter Rekord. Vor allem aber habe ich, nachdem diese schweren Arbeiten bewältigt waren, an etwas mehr Ruhe in meinem wissenschaftlichen Leben denken können, um mir etwas die Jagd abzugewöhnen, die mich in den letzten Jahren oft ganz gegen meinen Willen zu größeren Anstrengungen veranlaßten, als eigentlich meine Nerven leisten konnten....

Große literarische Unternehmungen, die mir im vergangenen Jahr mehrfach angeboten wurden (Dinge, nach denen ich vor Jahren mit Begeisterung gegriffen hätte) habe ich abgelehnt und will in den nächsten Jahren nur noch 2-3 Bücher herausgeben, die mir seit langem am Herzen liegen — dann habe ich das meine gethan und kann anderen das Feld räumen. Denn mit 60 mache ich literarisch Schluß (30. Dezember 1912).

An diese Absicht hat Walther sich nicht auf Dauer gehalten. Er wurde immer mehr in die literarischen Aufgaben gezogen und ließ sich auch wohl gerne ziehen. Die Bücher bedeuteten außerdem einen beträchtlichen finanziellen Zugewinn, den er nach den knappen Jenaer Jahren wohl auch gerne wahrgenommen haben mag. So traten seine Originalarbeiten im Laufe der Jahre mehr und mehr zurück.

Er schrieb jedoch nicht nur „populär." Daneben erschien 1908 die ideenreiche, an den Fachmann gerichtete „Geschichte der Erde und des Lebens", in welcher viele grundsätzliche Fragen gestellt werden. Einige Beispiele: Die großen Überflutungen der Kontinente während der oberen Kreidezeit führte er auf Aufwölbungen am Boden der Tiefsee zurück, durch welche der Meeresspiegel ansteigen mußte. Heute glaubt man an eine beschleunigte Rate der Meeresbodenspreizung (sea floor spreading) während dieser Zeit und weiß, daß ein außergewöhnlicher Vulkanismus in der Tiefsee riesige Ergüsse erzeugte. So hat Walthers Erklärungsversuch durchaus etwas Zutreffendes.

Für einen wesentlichen Grund beim „großen Sterben" an der Grenze von Kreide- und Tertiärzeit hielt er den Zusammenbruch der Nahrungskette beim Aussterben so großer Tiergruppen wie der Ammoniten, deren Erlöschen er nach damals gängiger Meinung auf Alterung und Degeneration zurückführte. An eine weltweite Katastrophe, wie heute die Vertreter der Theorie des Einschlags eines Himmelskörpers, dachte er nicht, weil das Aussterben der Tiergruppen nicht überall gleichzeitig erfolgt sei. Die Diskussion darüber geht ja auch heute noch weiter.

Großen Wert legte er auf die Feststellung, daß die Erdumbildungen nicht gleichmäßig verlaufen seien und bei großen Veränderungen mehrere Kausalreihen zufällig zusammentrafen, die im Laufe der Erdgeschichte auf ganz verschiedene Weise ineinanderspielen konnten. Deshalb sah er in dieser auch keine immer wiederkehrenden echten Zyklen, wie sie heute vielfach angenommen werden. Milankovich hatte erst 1920 die neuen Strahlungskurven berechnet, die heute der Vorstellung von Zyklen so große Bedeutung geben.

Ein fesselndes Buch. Gerhard Heberer, der Herausgeber von Walthers Erinnerungen stellte diesen das Schlußkapitel („Der Gang der Erdgeschichte", S. 539-554) voran, um ihn so zu charakterisieren und die Modernität der Gedanken zu belegen. Bruno von Freyberg staunte bei der Vorbereitung zu seiner ersten Hauptvorlesung 1933 in Erlangen darüber, „von welch hoher Warte" dieses Buch geschrieben sei (briefliche Mitteilung Prof. Dr. K. Mägdefrau).

1911 begegnen wir zum ersten Mal Walthers Interesse an der Wünschelrute in der kleinen Schrift „Das unterirdische Wasser und die Wünschelrute." Er ging der Frage, warum manche Personen an den richtigen Stellen Rutenausschläge hatten, später in systematischen Versuchen nach. Doch verschaffte er sich unter den Kollegen damit keine Sympathien, denn der Wert der Wünschelrute bei der Suche nach Wasser oder anderen Rohstoffen wurde und wird von den Geologen im allgemeinen gering eingeschätzt.

Nachdem der Umbau des Instituts beendet war, griff er auch originale Arbeiten wieder an.

8.4 Neue Reisen

Er verwirklichte endlich die Reise nach Neapel, um die Monographie der Taubenbank, einer vulkanisch bedingten Untiefe im Golf, abzuschließen (Kapitel 3.3). Sie erschien noch im selben Jahr (1910 b). Hier wurde zum ersten Mal ein Stück Meeresboden mit modernem, auch quantitativem Ansatz nicht nur nach Sedimenten kartiert, sondern auch biologisch zu erfassen versucht. Dabei wurden die Aufnahmen von 1884 und 1910 verglichen und die Veränderungen in Sedimentverteilung und Besiedlung zu erklären versucht (Aschenfall des Vesuvs 1906, ungewöhnliche Stürme der vorangegangenen Jahre). Durch Experimente im Aquarium stellte er Bioturbation in Schlammböden bis zu 15 cm fest – auch heute gilt, daß sie etwa eine Handspanne, selten tiefer, reicht. Auch die Geschwindigkeit, mit der sich Muscheln eingraben können, prüfte er im Rahmen dieser Versuche. Um die Entstehung der Kalksande besser zu erklären, untersuchte er die Beteiligung der Fische und Krebse und fand heraus, daß eine Languste pro Tag 10 Muscheln von 1-1 1/2 cm Durchmesser zerkleinert. Eine Ladung Muscheln von 580 Gramm war nach zwölf Tagen von vier kleineren Krebsen von 12-18 cm Länge in Muschelsand verwandelt worden, der 280 Gramm wog. Er verglich den armen Artenbestand der Schlammböden mit dem üppigen der Kalksandbereiche und prüfte, welche Arten beiden gemeinsam sind. Die Arbeit war für Karl Mägdefrau 1932 bei seinen Riffstudien in Neapel die wichtigste Hilfe (briefliche Mitteilung Prof. Dr. K. Mägdefrau). Für 1911 faßte er eine größere Reise ins Auge: Er wollte von Januar bis April nach Oberägypten, Chartum und Umland, zur Oase Chargeh, Wadi Halfa, der Bahnstrecke nach Port Sudan folgen und dann einen Monat in der Gegend von Heluan zubringen und Schweinfurth treffen, „der sich schon freut, mir das von ihm getaufte Waltherthal" zu zeigen. Das Walthertal erscheint denn auch auf einigen Photos in der Neuauflage seines Wüstenbuches.

Die Akten des Universitätsarchivs Halle verzeichnen, daß er Urlaub „bei ungeschmälertem Gehalt" und eine Reisebeihilfe von 1500 Mark bekam. Walther schrieb in seinem Beihilfegesuch an den Minister, daß die Reise insgesamt 6000 Mark kosten würde. Er erhielt noch 2000 Mark zusätzlich von der Berliner Akademie, so daß ihm also etwa die Hälfte seiner Reisekosten bezahlt wurden – Forschungsförderung vor dem ersten Weltkrieg!

9 Australien 1914 – Kriegsausbruch und Ehrendoktorate

Walthers gute Verbindungen nach England brachten ihm 1914 die Einladung der British Association zu ihrer Tagung in Australien ein, die, mit zahlreichen Exkursionen verbunden, im August 1914 stattfinden sollte. In ihrem Verlauf war auch eine 30tägige Nord-Süd-Durchquerung des Kontinents geplant. Unter den Gästen befanden sich noch fünf weitere Deutsche, zu denen der Geograph Albrecht Penck und der Archäologe und Anthropologe Felix Luschan gehörten. Die Gruppe der Ausländer umfaßte außerdem zehn Amerikaner, einen Polen, einen Russen, einige Dänen und Italiener, keine Franzosen.

Natürlich ergriff Walther mit Freuden die Chance zu dieser großen Reise, bei der er die australischen Wüsten kennenlernen konnte. Niemand sah voraus, welchen unerwartet dramatischen Verlauf sie nehmen sollte. Zusammen mit zahlreichen englischen Gelehrten schiffte er sich am 22. Juni auf S.S. „Ascania" ein und fuhr über Kapstadt nach Westaustralien. Das Schiff war von Liverpool bis Freemantle vierzig Tage unterwegs. Man stelle sich vor: Ein Schiff voller Naturforscher, die wochenlang Zeit für Diskussionen hatten! Es muß ebenso anregend wie anstrengend gewesen sein.

Nach seiner glücklichen Heimkehr berichtete er dem Minister:

Ende Juli landete ich ... in Freemantle und fand dort die Mitteilung, daß mich die Universitäten Perth und Melbourne zum Dr. of science ernennen wollten. Ich nahm beide Ehrungen an. Meine dortigen Kollegen hatten auf meinen besonderen Wunsch eine Exkursion in das Herz der australischen Wüste vorbereitet, die ich als Gast der Regierung in der erfolgreichsten Weise durchführte... (28).

Diese Exkursion scheint der Grund dafür gewesen zu sein, daß Walther bei der Feier der Verleihung des Ehrendoktorgrades in Perth nicht teilnehmen konnte. Das Schiff war in Freemantle verspätet eingelaufen, so daß die Degree Ceremony, die erste an der 1912 gegründeten University of West Australia, um einen Tag verschoben werden mußte. Die Exkursion ins Inland begann aber dennoch sofort, weil sonst der Zeitplan für die Weiterreise zur Tagung in Melbourne und Sidney nicht einzuhalten gewesen wäre. Walther hinterließ für die Veranstaltung eine eloquente Dankadresse, die im „West Australian" von 30. Juli 1914 wiedergegeben ist (Kopie überlassen durch Prof. Dr. D.T. Branaghan, Sydney):

Prof. Walther bedauert seine unvermeidliche Abwesenheit und empfindet dies [die Verleihung des Ehrendoktorgrades] als eine ganz besondere Ehre, da es sich um den ersten Ehrentitel handelt, den er von einer wissenschaftlichen Körperschaft erhielt, noch mehr, weil er von einer der jüngsten und unternehmendsten Universitäten der Welt verliehen wird. Einer Universität, die auf dem Reichtum eines Landes beruht, das von neuen Problemen in jedem Bereich der Naturwissenschaften überfließt. Als er dies jungfräuliche Land heute Morgen von einer lateritischen Plattform der Darling Ranges aus betrachtete, von herrlichen Naturwundern umgeben, von dem schönen blauen Himmel überspannt, waren Glanz und Majestät der Szenerie jenseits aller Beschreibung. In solcher Situation möchte Prof. Walther Dank sagen für die große Ehre, die ihm zuteil wurde (Applaus).

Hier, in der australischen Wüste, stieß er wieder auf den Laterit, dessen Entstehung er bei seiner Indienreise vergeblich zu entschlüsseln gesucht hatte. Nun glaubte er, die Lösung gefunden zu haben. Er war der erste, der Lateritprofile aus Australien beschrieb (1915) und sie richtig als Verwitterungsprodukte eines Klimas deutete, das es dort nicht mehr gab. Er hielt Laterite für grundsätzlich fossile Bildungen und meinte, daß sie in Australien pleistozäner Entstehung seien und ihre Bildung ein heißes Klima mit starken Regen- und langen Trockenperioden verlange, nicht, wie man heute weiß, tropische bis subtropische Bedingungen. Seine australische Erfahrung wendete er dann für alle Laterite an und erkannte zutreffend, daß ihre Bildung in bestimmten Erdperioden verstärkt stattfand: im Eozän und im Perm. In einer kleinen Goldgräbersiedlung erfuhr er am 2. August vom Ausbruch des Weltkrieges. Die deutschen Gäste waren nun in schwieriger Lage:

Wir wären völlig hilflos zurückgeblieben, wenn wir nicht die Aufforderung unserer englischen Kollegen annahmen, trotz des Krieges alle wissenschaftlichen und academischen Veranstaltungen mitzumachen. Das alles wurde uns in so feinfühliger Weise vorgeschlagen, daß wir nach eingehender Erwägung gemeinsam beschlossen, dieses Angebot anzunehmen. Außerdem luden uns unsere englischen Kollegen ein, nach der Tagung mit ihnen nach England zu fahren und bis zum Schluß des Krieges ihre Gäste zu bleiben.

So haben die Herren Penck und Luschan in Adelaide, ich in Perth und Melbourne die uns zu Ehren gehaltenen Promotionsfeiern mitgemacht und bei dieser besagten Gelegenheit kam es in der Aula zu einer so spontanen und großartigen Kundgebung für Deutschland, daß jeder von uns fühlte, richtig gehandelt zu haben (28).

Bei der Schilderung der Doktorfeier in Melbourne zitierte er die Zeitung „Argus" vom 15. August 1914:

Die einzelnen Kandidaten für die Ehrendoktorate wurden dem Vizekanzler durch den Präsidenten des Professorenkollegiums, Prof. Orme Masson, vorgestellt. Jeden Vortretenden stellte Prof. Masson dem Publikum und dem Vizekanzler vor. Erst kam des berühmten Besuchers Titel, dann wurden in alphabetischer Folge seine verschiedenen Auszeichnungen zitiert, dann schlossen sich ein paar Worte wohlgewählten Lobes über das Werk an, das diesen Namen in der wissenschaftlichen Welt so berühmt gemacht hat. Einige Besucher schienen sich ausgesprochen ungemütlich zu fühlen, als sie dort dem Publikum gegenüberstanden, während ihr Lob auf so verlegen machende Weise erklang und ohne Ausnahme sahen sie höchst erleichtert aus, als diese Belastung vorüber war. Das Publikum gab Prof. Bateson und Sir Rutherford [dem aus Neuseeland stammenden Kernphysiker] besonders warmen Beifall, aber die Ovation des Nachmittags blieb für Prof. Johannes Walther, den berühmten deutschen Geologen, aufgespart. Ein wahrer Beifallssturm begrüßte ihn, als er nach vorn trat, um seine Auszeichnung anzunehmen und erneuerte sich, als Prof. Masson von ihm als „dem würdigen Sohn der großen Nation" sprach, „die soviel zum menschlichen Wissen beigetragen habe." Wirklich, Wissenschaft kennt keinen Unterschied zwischen Kriegführenden (Abb. 24).

Diese Vorgänge sind ein besonders bewegendes Beispiel für die Brückenfunktion, die die Wissenschaft auch unter schwierigsten politischen Bedingungen haben kann. Die deutschen Gäste konnten nur versuchen, sich dieser Noblesse würdig zu zeigen und sich menschlich überzeugend in ihre Lage zu schicken. Luschan und Walther waren dabei diplomatischer als Penck, der Befremden erregte, weil er von einem „gerechten Krieg (a just war)" sprach.

Die Reise von Perth nach Adelaide wurde per Schiff fortgesetzt. Dort erhielten alle Mitglieder der Tagung kostenlose Eisenbahnpässe für die Dauer ihres Aufenthaltes im Commonwealth. In Adelaide wurden am 8. August die Ehrendoktorgrade an Penck und Luschan verliehen. Am 12. brach die Gesellschaft nach Melbourne auf, wo die Tagung bis zum 19. weitergeführt wurde, um dann in Sydney beendet zu werden (Report 84th Meeting of the British Association for the Advancement of Science, Australia 1914).

Obwohl die Teilnahme der deutschen Gäste an den Exkursionen beschlossene Sache war, ließ Walther doch den Plan zur Durchquerung des Kontinents fallen. Alle Deutschen wollten versuchen, sich nach

THE ARGUS SATURDAY, AUGUST 15, 1914.

CONFERRING OF DEGREES.

A PICTURESQUE CEREMONY.

The various candidates for honorary degrees were presented to the Vice-Chancellor by the president of the professorial board, Professor Orme Masson. As each came forward, Professor Masson would introduce him to the audience and to the Vice-Chancellor. First would come the distinguished visitor's title, then a recitation of the various degrees and orders, which followed in alphabetical magnificence after his name, finally a few words of well-chosen praise upon the work which made that name so famous throughout the scientific world. Several of the visitors seemed exceedingly uncomfortable as they stood facing the audience while their praises were being sung in so embarrassing a fashion, and without exception they all looked exceedingly relieved when the strain was over. The audience gave Professor Bateson, the president-elect, and Sir Ernest Rutherford, the New Zealander who has won so much fame in the realms of science, particularly warm receptions, but the ovation of the afternoon was reserved for Professor Johannes Walther, the distinguished German geologist. A perfect storm of applause greeted him as he came forward to take his degree, and it was renewed when Professor Masson referred to him as a "worthy son of the great nation which has done so much to add to the sum of human knowledge." Truly science knows not distinction between belligerent and belligerent!

Abb. 24. Ausschnitt aus der australischen Zeitung "The Argus", in dem über die Verleihung der Ehrendoktorate am 15. August 1914 in Melbourne berichtet wird (Kopie besorgt von Herrn Prof. Dr. D.T. Branaghan, Sydney)

Hause durchzuschlagen. Da Walther eine holländische Schiffspassage bezahlt hatte, fand er Platz auf einem holländischen Dampfer, der am 16. August aus Sydney abfuhr. Er hatte auf dieser Rückfahrt noch das Glück, daß ihm der freundliche und naturwissenschaftlich interessierte Kapitän das Erlebnis zweier Durchquerungen des Barriereriffes „auf gefährlicher Durchfahrt" verschaffte.

Depeschen australischer Kollegen meldeten ihn in den Häfen an, die das Schiff anlief, und überall warteten ortskundige Führer darauf, mit ihm Exkursionen zu machen. So kam er ohne Schwierigkeiten nach Java, wo er einige Wochen blieb, da er vor der Weiterreise gewarnt wurde. Er konnte im Botanischen Garten von Buitenzorg unterkommen und durfte sich frei bewegen, was er weidlich nutzte. So zog er auch einmal zu der 1900 von Haeckel besuchten und so farbig geschilderten Urwaldstation Tjiboda.

Aber er wollte weiter. Gelegentlich gelang es sogar, eine Nachricht nach Deutschland zu geben. Walthers Mutter schrieb im Oktober an Duisberg, aus einem aus Groningen gekommenen Telegramm ginge hervor, daß Walther die nächste Etappe im November antreten wolle (6). Tatsächlich hatte er aber schon Ende Oktober einen Platz auf dem Dampfer „Grotius" bekommen. Zwar hatte ihm der britische Konsul in Batavia (Djakarta) das Visum für die Weiterreise verweigert, doch wurde er in Singapore und Colombo ohne weiteres als „special case" weitergeleitet.

In Suez jedoch ging es nicht so glatt. Er wurde nachts von einem britischen Kommando, einem Hauptmann mit sechs Soldaten, vom Schiff geholt und zusammen mit anderen Deutschen von einem weiteren Schiff zunächst in ein Zeltlager in die Wüste und dann nach Kairo in die Nilkaserne gebracht. Auf seine wiederholten Beschwerden, in denen er auf seinen Gaststatus in Australien verwies, gab man ihm schließlich ein Hotelzimmer, wobei ihm zu verstehen gegeben wurde, daß er Ägypten nicht verlassen dürfe. Endlich wurde ihm eine Unterredung mit einem britischen Vertreter, Sir Maxwell, genehmigt. Er hielt ihn für den Generalkonsul, erfuhr später, daß er mit dem Befehlshaber gesprochen hatte. Dieser nun entschied, daß er ausnahmsweise weiterreisen dürfe und ließ ihm sein Gepäck und den Paß wieder aushändigen. Kurd von Bülow schrieb, daß Walther als Mitglied einer gelehrten italienischen Gesellschaft diese Staatsangehörigkeit besaß und daß ihm deshalb die Rückkehr gestattet wurde. Walther selbst hat darüber nichts schriftlich berichtet, doch mag dies auf mündlicher Überlieferung beruhen. Anfang Dezember kam er über Neapel wieder nach Hause. Er hatte bei allen Hindernissen noch Glück gehabt. Die anderen Forscher, die zurück nach England gegangen waren, wurden dort wesentlich länger festgehalten.

10 Kriegszeit in Halle

Die Stimmung, die ihn zu Hause empfing, stand in schroffem Gegensatz zu allen Meldungen, die er unterwegs aus der englischen und holländischen Presse erfahren hatte: daß jeder Mann von 17 bis 55 Jahren unter den Waffen sei, die Felder unbestellt wären und allgemeine Resignation herrsche. An dem war es im Winter 1914 noch lange nicht. Walther wurde sogleich in die allgemeine vaterländische Begeisterung hineingezogen. Der Chemiker Daniel Vorländer, Mitglied eines der Waltherschen Lesekreise, hatte sich freiwillig zum Kriegsdienst gemeldet. In einem Brief Walthers an Vorländer heißt es:

...Sie Glücklicher, daß Sie bei den größten Taten der Welt jetzt dabei sein können. Möchten Sie gesund bleiben und ich als Dekan Sie als Sieger begrüßen können [Walther war im Amtsjahr 1915 Dekan]. ...Ich habe viel gearbeitet und im Institut 60 Tabellen für Vorlesungen bearbeiten lassen, wobei ich selbst sehr beteiligt war. Wir, die wir nicht mit draußen kämpfen können, müssen versuchen, für künftige Friedenszeiten zu rüsten und da muß jeder sehen, was er für das nächste Wichtige hält. Unbefriedigend genug ist es! ...(27. Juli 1915).

Der sympathisch berührende Schluß des Briefes zeigt, wie Walther bereits über den Krieg hinausdachte:

...Bleiben Sie gesund und vergessen Sie nicht, daß der Krieg den Zweck hat, Frieden zu schaffen u. daß Sie selbst im Friedenswerk dereinst wieder erfolgreich thätig sein sollen! [mit freundlicher Genehmigung Prof. Dr. M. Schwarzbach, Bergisch-Gladbach]

Seine Heimreise hatte ihm weitere Perspektiven eröffnet als nur die patriotischen:

...Ich habe in den vier Monaten draußen so interessante Dinge gesehen und erlebt, daß mir jetzt das Bild des Weltkrieges in viel weiterer Perspektive erscheint, als wohl des meisten anderen, die ihn entweder *nur* von Europa oder *nur* von draußen betrachten (an Duisberg, am 19. Dezember 1914).

In dem Bewußtsein, daß jeder das Seine zum allgemeinen Schicksal beitragen müsse, schrieb Walther informierende Berichte in Zeitungen, zum Beispiel über die geopolitische Lage von Singapore. Über den ägyptischen Krieg verfaßte er eine ganze Broschüre, „Zum Kampf in der Wüste am Sinai und am Nil" (1916). Er zog hier seine Erfahrungen, auch die geologischen heran, um die Chancen für einen türkischen Vormarsch auf Ägypten zu erläutern. Dabei ging er auf die orientalische Mentalität ebenso wie auf die Sympathie der Moslems für die Deutschen ein, die er als zusätzliche Hilfe im Kampf betrachtet (auf Java wurde, als er dort war, in den Moscheen für einen deutschen Sieg gebetet, arabische Händler schickten Lebensmittelsäcke für die in Buitenzorg untergebrachten deutschen Flüchtlinge). Derartige Broschüren von Wissenschaftlern waren damals im Schwange. Fritz Frech, der während des Krieges im Heeresdienst in Syrien verstorbene Breslauer Ordinarius, schrieb deren mehrere, auch der über achtzigjährige Haeckel meldete sich mit einer einschlägigen Schrift zu Wort.

Entsprechende Vortragsthemen schlug Walther der Gesellschaft „Urania" in Berlin am 11. März 1916 vor. Einen „vaterländischen Vortrag" über seine Erlebnisse auf der Heimfahrt aus Australien lehnte er jedoch ab:

...denn ich habe zwar viel freundliches von den Engländern erfahren. ...allein das eignet sich nicht für einen öffentlichen Vortrag und was ich im übrigen von den Engländern jetzt denke – steht in einem gewissen Gegensatz zu dem, was ich erlebt habe. Kurz – dieses Thema liegt mir nicht und ich habe daher schon mehrere Anfragen in diesem Sinne abgelehnt (29).

Patriotische Gründe waren es auch, die ihn veranlaßten, die angewandte Geologie fortan mehr in den Vordergrund zu stellen. Aus diesem Blickwinkel verfaßte er die „Geologie der Heimat", die 1918 erschien. Aus dem Vorwort:

...Denn während der Weltkrieg unermeßliche Werte vernichtet, wird es auch dem nachdenklichen Neutralen immer deutlicher, daß das gewaltige Völkerringen nicht um ideale oder sittliche Ziele, sondern um ganz nüchterne wirtschaftliche Vorteile entbrannt ist. Selbst im Lande der deutschen Idealisten wächst immer mehr die Überzeugung, daß die realen Werte unserer Bodenschätze an Ackerkrume, Kohlen, Erz, Kali und Wasser in dem unvermeidlichen Wirtschaftskrieg der Zukunft eine ungeahnte Bedeutung gewinnen werden. Nur ein Volk, das mit ihnen klug und sparsam zu wirtschaften versteht, wird in dem unerbittlichen Wettstreit, der uns noch für lange Jahre bevorsteht, Sieger bleiben.

Diese „Geologie der Heimat" ist übrigens erfindungsreich gegliedert. Um sie dem Leser schmackhaft zu machen und zu eigener Beobachtung anzuregen, gibt es Kapitel über geologische Vorgänge in den vier Jahreszeiten, geologische Veränderungen im Gebirge – mit Blick auf Sommerferien –, Betrachtungen über den Genesisbericht im Lichte der Geologie und zum Schluß „Geologische Wanderziele", Anregungen, wie man sinnvoller wandern und Natur erleben kann.

In die Richtung der angewandten Wissenschaft zielte auch die Gründung des „Halleschen Verbandes zur Erforschung der Mitteldeutschen Bodenschätze", an der Walther maßgeblich beteiligt war. Duisberg, der gerade in Bonn die Gesellschaft der Freunde der Universität gegründet hatte, schrieb er darüber:

Deine Statuten würden mich sehr interessieren. Doch glaube ich, daß meine Pläne in ganz andere Richtung gehen. Ich beschränke mich darauf, aus den Kreisen von Kupfer-Salz und Braunkohlenbergbau unserer Provinz Mittel zu gewinnen, um 7 naturwissenschaftliche Institute dauernd zu fördern. Zunächst aber soll ein Ordinariat für angewandte Chemie wieder eingerichtet und fundiert werden, das seinerzeit durch Volhards Egoismus verloren gegangen ist. Ich hoffe, in kurzer Zeit soviel zusammen zu haben, daß wir das alte Oberbergamt ... ausbauen und darin einen intensiven Brau. kohlen- und Salzforschungsbetrieb einrichten (4. August 1917).

Dies war eine ganz moderne Idee, in einer Richtung, in der heute vielfache Bestrebungen im Gange sind. Der Hallesche Verband, der auch ein Jahrbuch herausgab, bestand, bei wechselnder Effizienz, bis in die vierziger Jahre. Der letze Band des Jahrbuches erschien 1940.

Der Institutsbetrieb war natürlich bei nur wenigen, meist kriegsbeschädigten Studenten stark verkleinert. Walthers Assistent, Johannes Weigelt, war, ebenfalls schwer kriegsversehrt, zurückgekommen. Alle wollten sich irgendwie nützlich machen. So stellte Walther auch in der Lehre die Anwendung der Geologie in den Vordergrund, vor allem die Bodenkunde, die die ihn schon immer interessiert hatte.

Ende des Jahres 1916 wurde er zum Geheimrat ernannt. Zu Duisberg bemerkte er, daß er sich daraus nichts mache, jedoch „eine Ablehnung meinerseits von den meisten Menschen falsch verstanden worden wäre."

Die Antwort des Geheimrats Duisberg wirft ein schönes Licht auf beide Freunde:

Obgleich ich in der Titelfrage genau so denke wie Du und es für das Richtigste hielte, wenn wir uns nach dem Krieg soweit emporschwingen könnten, dieses Unwesen abzuschaffen, was aber wahrscheinlich sobald nicht durchführbar ist, so haben wir uns doch über Deine Ernennung zum Geheimen Regierungsrat herzlich gefreut. Nachdem nun einmal der Mensch in den Augen des Volkes und selbst der Behörden erst mit dem Geheimrat anfängt, etwas zu bedeuten, ist es immerhin zur äusseren Legitimation von einer gewissen Wichtigkeit und Bedeutung. Wie gesagt, ich überschätze diese bei Euch Professoren noch dazu fast rein nach Alter und Würde vor sich gehende Charakterisierung nicht im mindesten. Im Gegenteil, innerlich verabscheue ich diese Gliederung der gesellschaftlichen Schichten durch derartige, von einer Behörde abhängige Stufenfolgen (4. Januar 1917).

Eine Nachricht, daß August Rothpletz in München wegen eines Herzleidens seine Lehrtätigkeit aufgeben müsse, ließ Walther aufhorchen. Den Münchener Lehrstuhl hätte er, obwohl er nun schon Ende fünfzig war, sehr gern übernommen. Wieder einmal wandte er sich deshalb an Duisberg, von dessen landesweiten Verbindungen er sich Beistand erhoffte. Er schickte ihm (am 20. August 1917) einen ausführlichen, auf die Münchener Verhältnisse zugeschnittenen Tätigkeitsbericht und bekannte dabei, daß er nicht nur nach München möchte, weil er die Stadt liebe, sondern weil ihm die Aufgaben in den dortigen Sammlungen „als höchstes Ziel vorschweben." Der Kurator Max Schlosser, ein Münchener Studienkollege, hätte ihn gern dort.

Ich habe in meiner Monographie von Solnhofen ... an einem Teil der Münchener Sammlung gezeigt, was man damit im modernsten biologischen Sinn machen kann und meine Sehnsucht ist es, die ungeheuren Werte der Sammlung den modernsten geologischen Problemen zu erschließen. Ich könnte das nur in München..

Walther hat auch später noch, vor seiner Emeritierung, immer mit dem Gedanken gespielt, nach München zu ziehen. „Halle ist doch ein unerfreulicher Ort" hatte er dem Freund einmal bekannt.

Ende Januar 1918 verstarb Rothpletz dann unerwartet plötzlich. So schrieb denn Duisberg an seinen Freund, den großen Chemiker Franz Willstätter nach München:

Mein lieber Freund!
Wie ich höre, ist der dortige Vertreter der Geologie, Herr Geheimrat Rothpletz plötzlich gestorben. Es wird für Sie von Wichtigkeit sein, sich nach einem tüchtigen Nachfolger umzusehen. Ich wollte nun nicht verfehlen, bei Ihnen meinen alten Studienfreund, Geheimrat Prof. Dr. Walther, Halle, den bekannten Wüstenforscher, in gebührende Erinnerung zu bringen. Ich kenne ihn seit mehr als 35 Jahren. Er ist persönlich ein famoser, netter Kerl und steht ja auch wissenschaftlich auf hoher Höhe. Als Schüler von Ernst Haeckel hat er die für den Geologen nötige Phantasie, die man ihm allerdings wiederholt zum Vorwurf gemacht hat, weil sie mit der exakten Forschung nicht zu vereinbaren sei, ohne die aber meines Erachtens auf geologischem Gebiet nicht vorwärts zu kommen ist, selbst wenn es dabei gelegentlich einmal in die Irre geht (12. Februar 1918; 6).

Duisberg spielt hier einmal auf die bekannten Einwände von Fachgenossen gegen einige von Walthers Ideen an, wohl aber besonders auf seine Vorstellung, daß die Karbonpflanzen bis zum Blattschopf im Wasser gestanden haben müßten, weil auf ihren Blättern Fossilien gefunden wurden, die er für Spirula, sessile marine Würmer hielt – eine Idee, die man ihm nirgends abnahm. Die vermeintlichen Spirula wurden bald als Landschnecken erkannt.

Der ohnehin recht unrealistische Traum von München verwirklichte sich nicht. Das Ordinariat wurde erst 1920 wieder besetzt, wobei es geteilt wurde und der um elf Jahre jüngere Erich Kaiser aus Göttingen als Geologe und der ebenfalls wesentlich jüngere Ferdinand Broili (geb. 1874) als Paläontologe berufen wurden.

11 Die ersten Nachkriegsjahre

Seit dem Kriegsende im Herbst 1918 war die briefliche Verbindung zwischen Walther und Duisberg für fast ein dreiviertel Jahr unterbrochen. Die revolutionären Unruhen, die überall im ausgehungerten Lande ausbrachen, hatten sowohl Halle als auch Leverkusen betroffen. In dem ersten Brief, den Walther nach der unruhigsten Phase des Zusammenbruches am 18. April 1919 schrieb, bemerkte er zum Kriegsende:

Ich erinnere mich immer noch, wie Du mir schon vor zwei Jahren sagtest, daß Deutschland *bankerott* sei – nun haben wir zwei weitere Jahre geblutet, gehungert und unsere letzten Materialreserven für den Krieg geopfert – und liegen nun rettungslos auf dem Boden. Ich habe es nie begreifen können, daß die führenden Männer so vabanque- spielen konnten, und statt wenigstens den Krieg auf Remis einzustellen, alles auf „Sieg" anlegten, trotzdem wir schon längst wirtschaftlich bankerott waren. Welches System von Lüge und Betrug haben diese Männer doch geführt, um das ganze Volk in den Abgrund zu führen.

Diese Sätze hätten ebenso über das Ende des Krieges 1945 geschrieben werden können!

Über die Vorgänge in Halle berichtete er, daß die Schießereien oft durch die ganze Nacht anhielten und viele Geschäfte geplündert worden seien. In seinem Stadtviertel bildeten die Bewohner eine private Schutzwehr, die bald mit Gewehren und Munition versehen wurde. „Der älteste Professor zog mit der Knarre durch die nächtlichen Straßen." Auch im Frühjahr 1920 kam es in Halle wieder zu Kämpfen mit aufständischen Arbeitern, an denen auch Russen beteiligt waren, die den deutschen Arbeitern helfen sollten. Russische Agitatoren (jüdische, meinte Walther) fuhren in ihren Autos umher und suchten die Arbeiterschaft zu mobilisieren:

Wir haben schwere Tage hinter uns, Hellmut stand im Kampf, unser Haus war am Sonntag von 5 Uhr früh bis bis 1/2 3 Uhr Nachmittags mitten im Kugelregen und jeden

Augenblick erwarteten wir die plündernden Banden, die gegen Halle vordringend bis auf 50 Schritt an unser Haus sich vorgekämpft hatten. Dann fuhren uns gegenüber die Minenwerfer auf und nach halbstündigem Sturm war Halle von Norden frei. Vor meinem Institut mußte noch 2 Tage gekämpft werden, bis auch das dortige Viertel geräumt war. Bezeichnend war es, daß am Massengrab der „deutschen Arbeiter" auch eine russische Rede gehalten worden ist.

Leider sind auch 15 Studenten gefallen, darunter Hellmuts [Walthers Sohn] bester Freund. Nun blicken wir nur noch sorgenvoll nach dem Westen und sehnen uns, daß auch dort Ruhe einkehrt (7. April 1920).

Walthers Erbitterung über diese durch die russische Agitation geförderten Zustände kommt in einem Brief an den Münchener Geographen Gottfried Merzbacher zum Ausbruch (30). Dieser, der viel in Rußland gereist war, wollte auf Bitten von Maxim Gorki eine Büchersammlung als Hilfsaktion für russische Wissenschaftler in Gang bringen und hatte sich deshalb auch an Walther gewandt. Bemühungen um eine Belebung des deutsch-russischen Austausches gab es schon seit 1920, bevor 1924 der russische Diplomat A.F. Joffe im Auftrag Lenins nach Deutschland reiste, um Verbindungen zu erneuern und Bücher und Instrumente zu besorgen (Fabian et al. 1981).

Walther antwortete Merzbacher:

Ich würde gern allerlei wertvolles Literarisches den von mir hochgeschätzten russischen Kollegen senden, wenn ich nicht aus politischen Gründen eine solche Aktion *jetzt für verfrüht* hielte. Ich weiß viel über Rußland, eine Schwester meiner Frau hungert und schmachtet in Moskau, ein Neffe ist Dozent, andere Kinder sind im weiten Land verstreut, oder schon nach Amerika entflohen – aber alle Briefe, die sie uns gelegentlich schicken, beweisen nur ... daß jede solche Aktion als eine moralische (vielleicht sogar finanzielle!) Unterstützung der Bolschewisten wirken und in die ganze Welt hinausposaunt würde....

Bücher, die wir senden, werden trotz der Schmeichelworte Gorkis *nicht* an ihre Adresse kommen und höchstens als Symbole der Anerkennung der Schlächterregierung gepriesen werden. Wir haben hier in Halle zweimal die Sendboten der Sowjets gesehen haben die Millionen gespürt, mit denen sie unsere Arbeiter gegen uns bezahlten und wenn 15 Studenten gefallen sind, so langen auf der anderen Seite (200 Schritt von meinem Hause!) wohl 30 todte Russen zwischen 120 betörten deutschen Arbeitern und russische Leichenreden wurden an ihrem Massengrab gehalten!

Von dieser Gesellschaft, die Lenin und Trotzki mit Millionen bezahlt hatte, haben Sie in Ihrem ruhigen München keine Ahnung....

Wenn es möglich wäre ... Brot und Fleisch zu senden, dann würde ich es tun – aber unsere Bücher werden höchstens an amerikanische Antiquare wieder verkauft, bevor sie in die Hände der armen Kollegen gekommen sind und mehren den Staatsschatz der verlotterten Regierung in Petersburg.

Also *nach dem Sturz der Sowjets* will ich freudig helfen, aber solange dort die *Henker aller Kultur* hausen, kann ich mich an einer so wohl gemeinten Aktion nicht beteiligen (20. Juli 1921).

Trotz dieser eindeutigen Stellungnahme gegen die junge Sowjetunion pflegte er aber die fachlichen wie familiären Kontakte dorthin (eine ältere Schwester von Frau Walther hatte einen russischen Staatsrat in Petersburg, Wladimir Karpow, geheiratet). Zwei Jahre später bemerkte er, daß er aus Gesprächen mit russischen Kollegen den Eindruck gewonnen habe, daß diese „sich in das Sowjetwesen eingelebt haben. Sie heißen 'Radieschen', d.h. außen rot, innen weiß" (21. Februar 1923).

Seine wissenschaftliche Autorität war gerade in Rußland groß, und seine „Vorschule der Geologie" wurde bereits 1920 in zwei Auflagen in russischer Fassung in Leningrad gedruckt, die dritte in 1922 in Leipzig (unter dem Motto: „Proletarier aller Länder vereinigt Euch"). Zuletzt erschien sie 1940 in achter Auflage in Baku, wirkte also auf eine ganze Generation russischer Geologen unter dem Titel „Erste Schritte in der Wissenschaft über die Erde" (Fabian et al. 1981).

Der Versailler Vertrag und die allgemeine Misere trugen zur Stärkung der ohnehin schon intensiv gewesenen nationalistischen Stimmung de Bevölkerung bei. Die Überzeugung vom besonderen Wert der nordischen Rasse hatte sich in Deutschland verbreitet, seit die Gedanken Arthur Gobineaus aus seinem „Essay über die Ungleichheit der Rassen" (1853-55) um die Jahrhundertwende nicht nur von Haeckel, sondern auch von anderen Protagonisten der „Rassenhygiene", wie etwa Willibald Hentschel, vor allem dem Freiburger Privatgelehrten Karl Ludwig Schemann, propagiert und ausgelegt wurden.

So hielt Walther am 18. Januar 1926 (am Jahrestag der Gründung des Kaiserreiches 1871) eine Universitätsrede über „Die Urheimat des nordischen Menschen", in der er von der hohen Gesittung des nordischen Neolithikers im Gegensatz zu der des barbarischen afrikanischen Neandertalers sprach. Die gute Zukunft des noch darniederliegenden Deutschland sah er darin, daß der Genotypus des Volkes ja unverändert geblieben sei und die Jugend daher neuen Aufstieg finden würde. Solche, von vielen geteilte Hoffnungen leisteten leider dem Nationalsozialismus Vorschub. Diesem stand Walther jedoch kritisch gegenüber (Kapitel 13).

Dem Untergang des Kaiserreiches folgten rasche Reformbemühungen der Weimarer Republik, die sich natürlich auch auf das Bildungswesen erstreckten. Viele alte Strukturen waren erneuerungsbedürftig, und die neuen Ideen zur Universitätsreform wurden von Walther weitgehend begrüßt:

Die Umwertung des Bestehenden greift tief ins Universitätsleben ein. Der Student will künftig den Rektor wählen, was ich ganz gut finde, und noch mehr Einfluß auf die Vorlesungen – das ist auch richtig, denn bisher war unsere Dozentenschaft recht rückständig gegenüber den Forderungen des Tages. Der Privatdozent will Gehalt – das ist sehr bedenklich, denn dann wird die Habilitation eine Frage, die der Finanzminister entscheidet. Die Extraord. wollen Sitz und Stimme in der Fakultät – das ist auch mir sympathisch. Aber daneben ringt eine veraltete Professorenkaste um ihre jetzt verlorenen

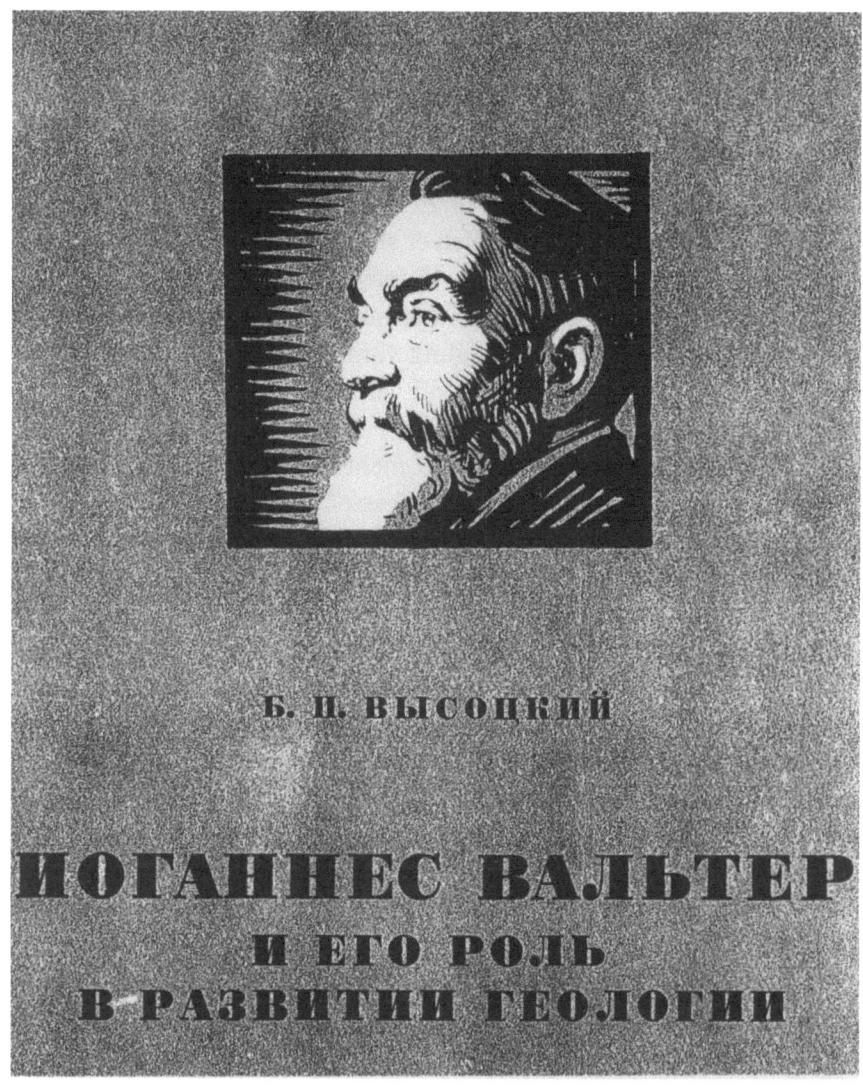

Abb. 25. Titelblatt des Buches von B.P. Vyssotzky über Walthers Rolle in der Geologie, Porträt Walthers (Vyssotzky 1965)

Vorrechte, der Eigenbrödelei, der lebensfremden sog. reinen Wissenschaft, von veralteten Sonderrechten usw. mit einer maßlos fordernden Neuzeit – überall sinken alte Kartenhäuser zusammen, aber was neu aufgebaut wird, trägt den Stempel der Übereilung....
...Seltsam, wie unfähig die Professoren im Ganzen sind, die neue Zeit zu verstehen. Wenn wir nicht Abderhalden hätten, wäre hier kein Eingreifen zu nennen ... und dem wirft man in den nationalen Blättern vor, daß er geborener Schweizer sei (18. April 1919).

Ein neuer Hörsaal war ihm zugesagt, ebenso neue Arbeitsräume, für die die im Institutskomplex liegende alte Garnisonkirche umgebaut werden sollte. Vorerst fehlte es aber an Geld. Heute befinden sich dort die berühmten Fossilfunde der Ausgrabungen aus dem Geiseltal.

Die Vorlesungen waren nun wieder vollbesetzt, und für seine Studenten hatte er viel Anerkennung (er schreibt von 100 Hörern in der Hauptvorlesung):

...all die aus dem Krieg Heimkehrenden sind doch viel reifer und tüchtiger als der normale Friedensstudent war (21. Juli 1919).

Das ist eine Beobachtung, die die Professoren nach dem zweiten Weltkrieg ebenso machten. Umgekehrt berichten Studenten der zwanziger Jahre, daß sie ein gewisses „pastorales Pathos", das Walthers Vorlesungen eigen war, belächelt und gelegentlich eine veraltete Ansicht kritisiert hätten. Darüber sei ihnen seine große wissenschaftliche Bedeutung erst später aufgegangen.

Der frisch gegründete Hallesche Verband (Kapitel 10) hatte sich 1919 bereits zufriedenstellend entwickelt. Er hatte ein Kapitel von 450 000 Mark erreicht und Mitgliedereinnahmen von 20 000 Mark. Damit wurden das Geologische, das Mineralogische Institut und das Laboratorium für angewandte Chemie gefördert und für jedes der Institute ein Assistent mit jährlich 3000 Mark Gehalt eingestellt (man beachte die Differenz zu einem Assistentengehalt vor dem Krieg – um 1000 M jährlich – ein Hinweis eher wohl auf die bereits einsetzende Geldentwertung als auf eine Verbesserung der Lebensumstände). Die Hoffnung, eine Million Mark für den Bau eines Instituts für angewandte Chemie zu bekommen, zerschlug sich, nicht nur weil die Revolution inzwischen vieles unmöglich machte, sondern auch, weil Einspruch von Seiten der Technischen Hochschule Charlottenburg kam, wo man Konkurrenz nicht wollte („eine wüste unanständige Gegenreaktion").

Seine Bemühungen um die Stärkung der angewandten Geologie gingen weiter. In einem kleinen Artikel der Halleschen Zeitung zu seinem

60. Geburtstag wurde darauf besonders hingewiesen. Seinen vielen Hörern aus der landwirtschaftlichen Fakultät hatte er ohnehin vor allem die Nutzanwendung des Faches zu bieten. Die Aufgabe machte ihm Freude:

...Die deutschen Lehrer habe ich für die Geologie gewonnen – nun sollen die Landwirte dran kommen (9. September 1925).

Einen persönlichen Erfolg bei den Reformbestrebungen hatte er, als das Kultusministerium auf seinen Antrag die „unsinnige Verbindung von Geologie und Mineralogie" in der Prüfungsordnung löste:

...Was alle Komissionen nicht erreicht, habe ich schließlich allein fertiggebracht. Nun hat die Geol. freie Bahn vor sich (18. April 1919).

Die Erfolge seiner volksbildenden Bücher hielten an. Die „Vorschule der Geologie" war 1922 im 22. Tausend gedruckt, die „Geologie von Deutschland" im 12. Tausend und ebenso wie die „Geologie von Thüringen" fast wieder vergriffen.

Die Briefe an Duisberg werfen natürlich auch Licht auf die veränderten Lebensumstände, auf die sich ein Professor nach dem Krieg einstellen mußte. Die wachsende Inflation, die ihren Höhepunkt 1923 erreichte, traf gerade diesen Mittelstand hart, der sich mit einem gewissen, wenn auch gewöhnlich nicht großen Kapital gesichert geglaubt hatte. Für Walther der diese Sicherung nicht leicht errungen hatte, blieb die Erfahrung der plötzlichen Verarmung ein Trauma. Er erwähnte als deprimierendes Beispiel Georg Schweinfurth, der bisher von dem Kapital der Familie als Privatgelehrter in Berlin gelebt hatte und nun mit 6600 Mark im Jahr auskommen müsse. Damit er nicht verhungere, habe ihm der Kultusminister einmalig 3000 Mark zusätzlich bewilligt.

Bereits 1920 vermieteten Walthers, um billiger zu leben, ein Zimmer an einen Studenten und planten die Abtrennung zweier weiterer Zimmer zu diesem Zweck. Ein Mädchen, bis dahin eine Selbstverständlichkeit in einem Professorenhaushalt, konnte nicht mehr behalten werden. Im Januar 1921 schrieb Walther, daß er Bücher verkaufe, um dadurch Wäsche für seine Kinder erwerben zu können. In Amerika sammelte er bei Verwandten Geld und Kleider, um Studenten, Oberlehrern und Pastorenfamilien helfen zu können, die dies so nötig brauchten (7. April 1920).

Duisberg rückte Walthers Klagen zurecht: Er wisse wohl, wie schlecht es den Akademikern an den Hochschulen gehe, doch seien sie nicht die Ärmsten der Armen. Das seien vielmehr die kleinen Rentner, die ein Leben lang für ihr Alter gespart hätten, jetzt aber nur über den Bruchteil dessen verfügten, was sie zum Leben wirklich brauchten. Niemand helfe diesen.

In Walthers späteren Briefen kommen denn auch Klagen über die Lebensumstände nicht mehr vor. Daß es ihm gesundheitlich nicht immer so gut ging, hatte er schon im April 1919 berichtet. Er habe so viel gearbeitet, daß er nach Kollegschluß zweimal zusammengesunken sei. So richtete er den Blick schon einmal auf die nicht mehr ferne Emeritierung: „In drei Jahren *kann*, in sechs Jahren *muß* ich zurücktreten" (10. Oktober 1922). Es sollte jedoch ganz anders kommen. Unerwartet fiel ihm eine neue, große Aufgabe zu, für die er noch einmal alle Kräfte zusammennehmen mußte.

12 Präsident der „Leopoldina"

Die Situation der kaiserlichen Akademie der Naturforscher Leopoldina, der ältesten deutschen Akademie, die 1652 gegründet, seit 1878 ihren Sitz in Halle hatte, war nach Krieg und Inflation denkbar schlecht.

Es fehlte an Mitteln, sowohl für die Sitzungstätigkeit und Druckkosten als auch für die dringenden Reparaturen an den Gebäuden. Der damalige Präsident, der Mathematiker August Gutzmer, machte, um wenigstens den Druck der Akademiemitteilungen „Leopoldina" und der Serie „Nova Acta Leopoldina" bezahlen zu können, im Frühjahr 1924 den erfolglosen Versuch, die Bibliothek dem Staat gegen eine jährliche Entschädigung von 2000.- RM zu überlassen. Es wurden ihm in Berlin nur 1000.- RM geboten. So kehrte er unverrichteter Dinge und tief

Abb. 26. Emblem der Deutschen Akademie der Naturforscher Leopoldina. (Übernommen von der Titelseite der Acta Historica Leopoldina 1979)

deprimiert aus Berlin zurück. Gleich darauf ging er zur Erholung nach Bad Nauheim, wo er am 10. Mai plötzlich verstarb, nach den Worten von Frau Gutzmer „an gebrochenem Herzen" (Walther, 21. November 1924).

Zu seinem Nachfolger als XIX. Präsident wurde im Sommer des Jahres Walther gewählt. Über seine Präsidentschaft ist verschiedentlich und mit unterschiedlichen Standpunkten berichtet worden (Weigelt 1930; v. Bülow 1962, 1970, Uschmann 1977, 1979; u.a.). Im folgenden soll versucht werden, Walthers Wirken für die Akademie vor allem anhand seiner Briefe an Duisberg zu verfolgen.

Er war sich bewußt, daß er ein sehr schweres Amt antrat. Doch erfüllte ihn, der lange Zeit in Deutschland auf Anerkennung hatte warten müssen, die Ehre der Wahl mit Stolz, auch wenn er bald danach schrieb:

...die (ganz gegen meine Wünsche mir übertragenen) Aufgaben der Neuschöpfung einer tätigen Academie in Halle verbrauchen viel Kraft (6. Januar 1925).

„Aber was soll nun geschehen?" fragte er rhetorisch, um sogleich zu antworten: „Ich arbeite auf Credit" (21. November 1924). Bei Gutzmers Tod hatten sich nur noch 650 Mark in der Akademiekasse befunden. Zum Vergleich: 1903 hatte die Akademie 26 500 Mark an regelmäßigen Einnahmen. 1924 dagegen wurden ihr nicht einmal die vom Staat vertragsmäßig zu leistenden Beiträge ausgezahlt (24. August 1926).

Walther dachte jedoch über die finanziellen Probleme hinaus sogleich an eine große Leitlinie:

...Ich werde vor allem den großdeutschen Charakter unserer Academie der Naturforscher stark betonen; so ist sie vor 272 Jahren geplant gewesen und so muß sie heute als Kulturstätte für das ganze deutsche Gebiet ausgestaltet werden – wir hier in Halle sollen das pulsierende Herz sein! (21. November 1924).

Walther wollte zunächst die 460 deutschen Mitglieder um einmalige Beiträge bitten, wobei sich jeder selbst einschätzen sollte.

...Wir Hallenser besteuern uns mit 50 Mark, doch rechnen wir, daß viele unserer Mitglieder sich nach eigenem Können einschätzen und uns zum Leben verhelfen.

Er bat in der Industrie, vor allem natürlich bei Duisberg, aber auch im Ausland um Spenden. Um die Akademie einem größeren Publikum sichtbar zu machen, plante er zum 28. Februar 1925 erstmals eine öffentliche Festsitzung ein, zu der Ministerialvertreter und andere, der Akademie wohlwollende Kreise eingeladen wurden. Festredner war der

Geograph Albrecht Penck aus Berlin. Um mehr Interessenten und damit Mittel zu gewinnen, richtete er den Stand der „Förderer der Akademie" ein (Leopoldina 1926, R.2. Sitzungsberichte). Förderer konnte werden, wer ein einmaliges Eintrittsgeld von 1000 RM und einen Jahresbeitrag von 100 RM zahlte. Der Förderer erhielt dafür die Zeitschrift „Leopoldina", die in ihrer neuen Ausgestaltung auch die Sitzungsberichte enthielt. Er konnte als Gast an den wissenschaftlichen Sitzungen und festlichen Veranstaltungen der Akademie teilnehmen. In den sieben Jahren von Walthers Präsidentschaft wurden acht Stifter als Förderer aufgenommen (briefliche Mitteilung Frau Erna Lämmel, Arch. Akad. Leopoldina).

Walthers Bemühungen hatten einigen Erfolg. So konnte er am 6. Januar 1925 hoffnungsvoll schreiben: „...unsere Academie aber lebt und wird bald weiter erblühen." Dank vieler Einzelspenden und einem Beitrag von 10 000 Mark von Siemens-Schuckert konnte die Arbeit einsetzen. Beim Dank für eine reiche Spende von Duisberg (1000.- Mark) zog er am 24. August 1926 eine Bilanz: 6000 Mark für Gebäudereparaturen 4400 für Verwaltung, 5000 für Drucksachen „und trotzdem eine sehr ansehnliche Summe auf der Bank" – er wisse eigentlich selbst nicht, wie das zu schaffen war. Dennoch war die Lage ungesichert. Ende des Jahres 1926 hatte die Leopoldina immer noch keine regelmäßigen Einnahmen.

Die Mitgliederzahlen wollte er stark erhöhen, vor allem durch die Zuwahl von Medizinern, die „ja in unseren Akademien der Wissenschaft meist nicht aufgenommen werden und denen unsere Mitgliederschaft wertvoll erscheinen dürfte." Kritisch vermerkte er:

...in den letzten Jahren ist freilich die „Ehre" unserer Mitgliedschaft sehr billig geworden – das werde ich hoffentlich bald ausmerzen (21. November 1924).

Zahlreiche neue Mitglieder wurden denn auch (wie meist nach dem Amtsantritt eines neuen Präsidenten) in den beiden ersten Jahren Walthers aufgenommen, unter ihnen, um nur einige zu nennen, die Geowissenschaftler Hans Cloos (1925), Wilhelm Deecke (1925), Victor Moritz Goldschmidt (1926), Robert Gradmann (1925), Franz Kossmat (1925), Siegfried Passarge, Walthers früher Hörer in Jena (1925), auch berühmte Ausländer wie der Schweizer Albert Heim (1925), die Russen Alexander Karpinski und Alex Pavlov (1925), die Amerikaner Charles Schuchert und Amadeus Grabau (1926). Walthers alte Liebe zum Meer schlug sich in der Wahl des Konteradmirals Fritz Spies nieder, der die Expedition des Forschungsschiffes „Meteor" 1924-1927 mit so großem Erfolg leitete. Es ist bewegend, im Matrikelbuch die dünne Bleistiftnotiz zu sehen, die in den Jahren nach 1933 bei den Namen der jüdischen Mitglieder eingetragen werden mußte: „Mitgliedschaft gelöscht (Nichtarier)." Das Regime hatte sogar daran gedacht! Die Verwendung des Bleistiftes sollte eine spätere Tilgung des Vermerks ermöglichen. Walther war zwar im Sinn des Haeckel-Kreises durchaus von dessen Rassegedanken beeinflußt, aber nicht radikal antisemitisch wie sein Schwager Willibald Hentschel, mit dem es deshalb im Lauf der Jahre zum Bruch kam (zu Willibald Hentschel s. LÖWENBERG 1978). Unter seiner Präsidentschaft wurde eine ganze Reihe jüdischer Wissenschaftler in die Akademie aufgenommen. Um das Interesse an der Mitgliedschaft anzuregen, hielt er bei der Tagung der Gesellschaft Deutscher Naturforscher und Ärzte am 21. September in Düsseldorf eine Akademiesitzung ab, an der auch Duisberg teilnahm, der seit 1906 Mitglied war. Ihm hatte Walther die Liste der etwa 200 Neuaufgenommenen geschickt:

...fast lauter erstrangige Männer. Denn wir müssen auf ein anderes Niveau kommen als es meine beiden Vorgänger bei den Mitgliedsaufnahmen eingehalten haben (24. August 1926).

Gleichzeitig hatte er um eine Vorschlagsliste für neue Mitglieder gebeten, vor allem aus dem Bereich der angewandten Wissenschaft:

...wir wollen solche Männer an uns gliedern und im Gegensatz zu den „königlichen" Akademien die ja grundsätzlich nur Vertreter der *reinen* Wissenschaft wählen, solche Männer ehren.

Es mag interessieren, wen der Senat aus Duisbergs Liste auswählte: aus Berlin Hahn, Hess, Heymann, von Laue, Planck, Haber; Bosch aus Stuttgart, Raschig aus Ludwigshafen, Stock aus Karlsruhe und von Krehl aus Wiesdorf. Auch Lise Meitner, eine der wenigen Frauen unter den Mitgliedern, wurde gewählt. Einige Vorschläge fanden keine einhellige Zustimmung:

Minister Schmitt-Ott dürfte für uns nicht in Frage kommen, denn die Notgemeinschaft hat uns trotz dringender Empfehlungen des Kultusministers so kümmerlich bedacht, daß er sich selber wundern würde, hätten wir ihn zum Mitglied ernannt. Auch O. von Miller kann nicht als Freund unserer Akademie betrachtet werden, denn durch die Gründung seiner „Deutschen Akademie" in München hat er uns schwer geschädigt (21. Dezember 1926).

Eine Neuerung in Halle: Walther richtete allmonatliche wissenschaftliche Sitzungen ein, die an jedem dritten Montag abgehalten wurden und zu denen alle Mitglieder eingeladen waren. Neben den Versammlungen in Halle fanden mehrere Sitzungen außerhalb statt: nach dem Muster von Düsseldorf auch in Leipzig und Hamburg, eine andere in Wittenberg. Bei seinen Besuchen in Rom und Washington hielt er je eine weitere Sitzung für die dortigen Mitglieder ab. Eine besondere Goethe-Sitzung, an der er selbst mit mehreren Beiträgen beteiligt war, wurde für März 1929 festgesetzt. Auch sie war als Werbung für die Akademie gedacht, ,,damit alle Welt erfahre, daß er unser Mitglied war...." Von dem daraus resultierenden anspruchsvollen Band erhoffte sich Walther größere Einnahmen, was sich leider als Fehlkalkulation erwies. Nach seiner Gastprofessur 1927 in Baltimore erschien 1928 ein Amerika-Band. Die Verbindungen dorthin sollten auf diese Weise angeregt werden. Mit allen diesen Aktivitäten gelang es Walther, das Akademieleben zu fördern und das Ansehen der Leopoldina im In- und Ausland zu heben.

Eine von ihm vorgeschlagene Statutenänderung, durch die sich der Einfluß der Hallenser Mitglieder gegenüber dem Senat sehr verstärkte, wurde zwar seinerzeit (1926) ohne Einspruch angenommen, später aber als ungünstig angesehen und kritisiert (Uschmann 1979).

Diese Tätigkeiten am Ort, zu dem bis 1929 auch der Institutsbetrieb kam, füllten ihn reichlich aus. Im Rahmen des letzteren fanden neue kleinere Grabungen im Geiseltal statt. Daneben aber war er immer wieder – mitunter monatelang – auf Reisen, im Juni 1926 beim Internationalen Geologenkongreß in Madrid, anschließend in Portugal. Im August desselben Jahres war er wieder, wie vor zwölf Jahren in Australien, Gast bei der Tagung der British Association in Oxford. Erst in diesem Jahr hatte die Gesellschaft, zum ersten Mal nach dem Krieg, wieder sechs deutsche Gelehrte eingeladen. ,,Wir wurden sehr herzlich aufgenommen." Einer Einladung von Pope und Armstrong, die in Melbourne mit ihm den Ehrendoktor erhalten hatten, mit ihnen noch nach London zu kommen, konnte er nicht folgen, weil er (immer noch!) seinen traditionellen Lehrerkurs abzuhalten hatte.

Von Januar bis Mitte April 1927 ging er als Gastprofessor nach Baltimore. In seinem Bericht an den ,,Minister für Wissenschaft, Kultur und Volksbildung" schildert er die sehr freundliche Aufnahme an der Johns-Hopkins-Universität (31). Bei der Universitätsfeier zu Washingtons Geburtstag sei er gebeten worden, mit dem Profos an der Spitze des Professorenzuges zu gehen. Zu einem ihm zu Ehren gegebenen Diner reisten nicht nur der Stifter der Gastprofessur aus New York, sondern auch der Direktor des Geological Survey in Washington an. Sein Fazit: „Die Kriegspsychose schwindet."

Im Sommer 1928 wurde er eremitiert, vertrat sich selbst jedoch noch im Wintersemester 1928/29, bis im Sommersemester sein Schüler Johannes Weigelt die Institutsführung übernahm. Walther war über diese Nachfolge sehr glücklich:

Inzwischen habe ich den besten Nachfolger für meine Professur, der zu haben war und kann die Weiterentwicklung der von mir 20 Jahre lang geführten Arbeit mit Freude verfolgen (26. Dezember 1929).

Doch Walthers Kräfte waren überbeansprucht. Im gleichen Brief klagte er über überarbeitete Nerven und quälende Kopfschmerzen, die er erst nach der Rückkehr von einer Sizilienreise durch eine leichte Kur beheben konnte.

Im Rückblick auf das Jahr 1930 dachte er an „die wundervolle Festwoche" seines 70. Geburtstags, zu dem ihm von der Akademie ein Festband mit Arbeiten von Schülern und Freunden gewidmet wurde. Johannes Weigelt hat darin seine Verdienste um die Belebung der Akademie ausführlich gewürdigt. Zu einem Festbankett hatten sich 59 Gäste versammelt.

Doch im gleichen Jahr hatte ihn auch ein harter familiärer Schlag getroffen. Sein Sohn Hellmut war nach dem juristischen Staatsexamen und einem Zwischenspiel in Halle mit seiner Frau zur kaufmännischen Ausbildung nach USA gegangen und heimgekehrt, als sich ihm in Deutschland eine geeignete Arbeit bot. Doch seine Ehe geriet in Schwierigkeiten, er trennte sich von seiner Familie, indem er wieder in die USA ging. Er hatte seine Eltern gebeten, den Unterhalt seiner Kinder von seinem Erbteil zu bestreiten. Für Walther, der bisher immer zufrieden über seinen Sohn berichtet hatte, muß dies eine schwere Enttäuschung gewesen sein. Hellmuts Frau und die beiden Kinder blieben zunächst bei Walthers. Auch die Tochter Sigrun, die 1928 geheiratet hatte, lebte mit ihrem Mann in Halle. Die mit der so vergrößerten Familie verbundene Unruhe ertrug Walther nur schwer. Er entzog sich ihr ab Neujahr 1931 durch eine mehrmonatige Reise ans Mittelmeer, wo er an den Unterlagen für seine letzte große, 1936 erschienene Veröffentlichung „Mediterranis" arbeiten wollte.

Zur gewohnten literarischen Arbeit war er in den ersten zwei Jahren seiner Präsidentschaft überhaupt nicht gekommen, abgesehen von den Beiträgen, die er für die Zeitschrift der Akademie, „Leopoldina", schrieb und der größeren Arbeit für Abderhaldens „Handbuch der biologischen Wissenschaften." Sie fehlte ihm, nicht nur, weil er sie gern tat, sondern weil sie ihm ja auch immer einen nicht unbeträchtlichen Zugewinn gebracht hatte:

...Allerdings habe ich zwei Jahre lang auf jede persönliche literarische Einnahmen verzichtet und meine ganze Arbeitszeit, die mir mein Beruf übrigließ, der Academie gewidmet. Das kann natürlich nicht so weitergehen - ich muß jetzt wieder selbst etwas zu verdienen suchen, denn wenn Sigrun einmal heiraten will, soll sie doch eine Aussteuer haben und dazu habe ich vorläufig noch keinen Groschen (24. August 1926).

Es blieb aber auch in den Folgejahren hauptsächlich bei teilweise umfangreicheren Beiträgen für die „Leopoldina", abgesehen von der in mehreren Lieferungen von 1922-1927 (a) erschienenen „Allgemeinen Paläontologie", einem Werk, an dem Walther seit 1914 schon gearbeitet hatte und in dem er die Bedeutung der Paläontologie für die Geologie herausstellte. Er erklärte darin unter anderem den Unterschied seiner Auffassung der Artumwandlung gegenüber Darwin und damit Haeckel. Diese hatten die Ansicht, daß die Arten zwar (von Speziellen Züchtungsversuchen abgesehen) heute konstant, in der geologischen Vergangenheit aber ständig umgewandelt worden seien. Dem hielt Walther die Erfahrung der über lange Zeiträume konstant gebliebenen fossilen Arten entgegen. Umwandlungen betrachtete er als besonders wichtig, wenn sie während lang andauernder, durch massiver Umweltveränderungen verursachten Wanderungen geschahen. So konnten bei Rückkehr gleicher Faziesbedingungen zu einem bestimmten Ausgangsort nach langen Zeiträumen, etwa nach einer Transgression, aus den alten Arten hervorgegangene, veränderte Arten neu auftreten. Daß dies zusammen mit einem Fazieswechsel geschah, belegte Walther mit dem Gesteinswechsel, der mit dem Erscheinen einer neuen Faunengemeinschaft einherging. Er illustrierte das wieder mit seinem Schema von 1894 (Kapitel 6.1, Abb. 15). Heute nimmt man für den Vorgang der Artumwandlung nicht solche erzwungenen Wanderungen an, sondern – ein wenig angenähert – Mutationen bei den Randgruppen von Populationen, die die Hauptgruppe dann ablösen, wenn die Mutationen erfolgreich waren.

Solche Randgruppen sind natürlich ebenfalls einem stärkeren Wechsel der Umweltbedingungen besonders ausgesetzt.

Die Entfaltung neuer Tiergruppen hielt er für eine wichtige Ursache bei großräumigen Faunenveränderungen. So dachte er daran, daß die außerordentliche Zunahme der Knochenfische in Kreide-/Tertiärzeit die Veränderung der marinen Faunen stark beeinflußt habe: hätten doch die Fische eine ungleich größere Zahl an Larven fressen können als vordem, wodurch Nahrungsketten zusammenbrechen konnten. Immer kamen ihm unkonventionelle Gedanken, zum Beispiel, daß die Entwicklung des Wirbeltierauges bis hin zu dem des Menschen parallel zu der zunehmenden Buntheit der Erde verlaufen sei. Die Blütenpflanzen traten ja erst in der letzten Periode des Erdmittelalters, der Kreidezeit, auf. So habe die Unterscheidung der neuen Farbigkeit bessere Augen verlangt. Seine Bemerkungen über die Bedeutung paläohistologischer und paläochemischer Untersuchungen (bis hin zum CO_2-Haushalt, dem bereits damals Aufmerksamkeit galt) sind heute ganz aktuell. Es ist gut, sich zu erinnern, wie lange das schon in der Diskussion ist!

Walther sah in diesem über 800 Seiten starken Buch sein eigentliches Lebenswerk. Auch von diesem scheint zu gelten, daß es mehr ins Ausland als in Deutschland verkauft wurde.

So wirksam er vermocht hatte, die wissenschaftlichen Aktivitäten und das öffentliche Ansehen der Akademie zu fördern, so wenig gelang ihm bei der Kleinarbeit der Verwaltung. Er hatte zwar bei seinem Amtsantritt über die dringende Notwendigkeit geschrieben, „den ganz verwahrlosten Tauschverkehr wieder zu beleben" (24. August 1926), allein, solche Arbeiten lagen ihm wenig. Zudem hatte er für die Bibliothek und die Buchhaltung in den ersten Jahren sehr wenig Hilfe, so daß ihm vieles über den Kopf wuchs. Das 1925 noch sorgfältig geführte Matrikelbuch der Leopoldina zeigt in den Folgejahren deutlich die Spuren seiner Überforderung.

Bei der unsicheren Finanzlage und den unregelmäßigen Spendeneingängen war die Übersicht sicherlich nicht einfach. Die Summen, die er einnahm, waren bei den vielen Unternehmungen rasch wieder verbraucht. Deshalb wurde auch die Bibliothek, wie Weigelt schrieb, in eine reine Zeitschriftenbibliothek umgewandelt und viele wertvolle Bücher verkauft, was später sehr getadelt wurde. Die langen Abwesenheiten Walthers wirkten sich zudem verhängnisvoll aus. Er überließ die Verwaltung, auch der Finanzen, fast ganz einem inzwischen eingestellten Archivar, der das in ihn gesetzte Vertrauen nicht rechtfertigte und Mittel veruntreute. Nach der Wirtschaftskrise, im Sommer 1931, stellte sich heraus, daß die Akademie in beträchtlichen Schulden steckte. Walther, offenbar von dieser Tatsache überrumpelt und tief getroffen, mußte natürlich die Verantwortung tragen. Er versuchte, einiges zu retten. Duisberg sprang sofort, als er von dem Schaden erfuhr, hilfreich ein und sorgte dafür, daß ein größerer Teil der Schulden rasch abgetragen werden konnte. Walther trat zum 1. Januar 1932 zurück und übergab die Akademie an Emil Abderhalden, dem es gelang, sie im Lauf der nächsten beiden Jahre finanziell zu sichern. Einige Einzelheiten teilte Dr. W. Berg in einem bisher unveröffentlichten Vortrag am 7. Januar 1991 in Hamburg mit (Mskr.).

Walther aber war durch diesen unglücklichen Abgang von dem Amt, für das er sich nach Kräften eingesetzt, dessen Freuden er auch genossen hatte, schwer getroffen, und die Ereignisse um diesen Abschied blieben für seine letzten Lebensjahre ein bleibender Schatten, der schließlich auch zu seinem Austritt aus der Leopoldina führte (1935).

...Immer mehr fühle ich, daß ich die Last des Präsidiums nicht mehr tragen konnte...

schrieb er am Ende des Unglücksjahres an Duisberg (30. Dezember 1931) und mitten in der Krisenzeit im Sommer Frau Janna Walther an Frau Johanna Duisberg:

...Es hat mir etwas Ergreifendes wie rastlos der Geist immer weiter schaffen möchte, das ganze Leben nichts als Arbeit an seinen Problemen und Idealen so lange nur die Kräfte reichen (4. August 1931).

13 Letzte Jahre

Für die beiden Freunde, Walther und Duisberg, neigte sich das Leben. Beider Kräfte ließen nach. Die politischen Veränderungen nach dem 31. Januar 1933 bewegten sie tief, und sie standen den Entwicklungen kritisch gegenüber. Es wird überliefert, daß der sonst immer ausgeglichene und beherrschte Walther so erbost von der ersten Sitzung des Lehrkörpers mit dem neuen Rektor, der in SA-Uniform auftrat, nach Hause kam, daß er die nächstbeste Vase ergriff und sie an die Wand schmetterte. Dieser neue Rektor, Hans Hahne, war im November 1933 nur wegen seiner aktiven Rolle in der SA in das Rektoramt gewählt worden. Er war der – fachlich angesehene – Direktor des Landesmuseums für Urgeschichte in Halle und übrigens ein früherer Doktorand Walthers (1918; Kapitel 16). Er hatte auf dieser Sitzung die neuen Richtlinien der Regierung für die Universitäten verkündet.

Duisberg war über die Behandlung der Juden empört und sah den Fortbestand der freien Forschung gefährdet:

Jedenfalls halte ich den Fortbestand der deutschen Forschungsgemeinschaft als Selbstverwaltungskörper im Interesse der freien Entfaltung der deutschen wissenschaftlichen Forschung für unbedingt erforderlich und kann mich mit der Verfügung des Reichsministeriums für Wissenschaft, Erziehung und Volksbildung, die im Begriff steht, eine deutsche Akademie der Forschung aufzuziehen und in die alle bisherigen Organisationen einmünden sollen, nicht abfinden (18. Januar 1935).

Auch Walther drückt sich kritisch aus und wies auf das Hintergründige vieler Vorgänge:

Das Spiel vor den Kulissen steht im hellen Lampenlicht und wird von lautem Konzert begleitet – aber was hinter der Bühne geschieht ist ebenso fesselnd wie rätselhaft zu ergründen. Personen, die vorne regieren, werden dort von anderen abgelöst, deren stille Arbeit zähe und langfristig geschieht und erst nach Wochen aktiv wird.

Während ich mit Janna in voller Harmonie über allgemeine Sorgen und Hoffnungen sprechen kann – ist sonst der Mund selbst gegen die Nächsten geschlossen; ...und überall wo man die engsten persönlichen Grenzen überschreitet, kommt man in die Zone des Schweigens oder der unfruchtbaren Diskussion (28. Juli 1934).

Walther griff in seinen letzten Jahren noch einmal die Fragen der Wünschelrute auf, an denen seit dem Kriegsende wieder ein erneutes allgemeines Interesse aufgeflammt war. 1933 erschien sein kleines Reclambändchen „Das Rätsel der Wünschelrute", vielleicht das einzige von Walthers Werken, das in den Bibliotheken auch heute noch häufig ausgeliehen ist! Es brachte ihm zwar bei den Geologen keine Anerkennung ein, desto mehr aber in anderen Kreisen. Auch Duisberg war davon ganz angetan. Im Kultusministerium wurde man ebenfalls aufmerksam und bat ihm, seine Versuche auf breiterer Basis fortzuführen (20. Juli 1933). Er wurde von dieser Seite in der Wünschelrutenfrage auch weiterhin zur Beratung und Mitarbeit herangezogen. Übrigens war er durchaus kritisch und vorsichtig bei der Bewertung seiner Untersuchungen. Er hatte in den zwanziger Jahren Rutenversuche mit 450 Personen, vor allem Studenten, gemacht, die er erst bei seiner Emeritierung abbrechen mußte. Das von ihm als noch nicht ausreichend belegt betrachtete Ergebnis: 10-15 % seiner Testpersonen waren rutenempfindlich, darunter befanden sich nicht nur etwa besonders nervöse, sondern alle Typen von Menschen. Er betonte, daß die aus der Stärke der Rutenausschläge abgeleiteten Folgerungen von Rutengängern auf bestimmte Stoffe häufig falsch waren. Dasselbe galt für Tiefenangaben (zum Beispiel von Wasseradern) bei Benutzung eines Pendels. Zur Frage der Entstehung von Krankheiten bei Menschen, in deren Schlafzimmer Rutengänger „Reizstreifen" festgestellt hätte, wies er darauf hin, daß man in Goethes Schlafzimmer drei Reizstreifen festgestellt habe, womit dieser gut geschlafen habe und immerhin 83 Jahre alt geworden sei. Doch meinte er, daß besonders empfindliche Menschen vielleicht beeinträchtigt werden könnten. In der Bibel fand er Hinweise auf das ehrwürdige Alter der Wünschelrute: „Da sollst Du den Felsen schlagen, so wird Wasser herauslaufen" (2. Mose, 17,6). Auch antike Berichte, wonach die Perser künstliche Oasen dort gründeten, wo sie unterirdische Wasserläufe zusammenlegen konnten, zog er heran. Aus seiner jahrzentelangen Beschäftigung mit Goethes Werk resultierte der 1932 erschienene kleine Band „Die Natur in Goethes Weltbild", der zeigt, wie sehr er in dessen Bemühungen um ein umfassendes Naturverständnis eingedrungen ist. Er verschweigt dabei auch nicht die Punkte, in denen Goethe irrte oder die er aus der damaligen Kenntnis heraus gar nicht anders verstehen konnte. Walther trennt eine jugendliche Phase einfachen Naturerlebens von der der Erfahrung, daß heißt, ernsten Studiums. Aus Erleben und Erfahrung wuchs die philosophische Idee, um schließlich zu dichterischer Symbolik zu führen. Im gleichen Jahr hat Walther darüber auch einen Rundfunkvortrag gehalten.

Eine große Freude erlebte er, als 1934 sein Nachfolger, Johannes Weigelt, das im Komplex des Instituts gelegene Geiseltalmuseum mit den sensationellen Grabungsfunden aus der eozänen Braunkohle der Grube „Cecilie" eröffnen konnte.

...Gestern hatten wir einen großen Tag bei der Eröffnung des von mir begründeten Braunkohlenmuseums, das allgemeine Bewunderung erregte und meinem Schüler und Nachfolger Weigelt viele Ehrungen eintrug.

Sein alter Ehrgeiz klingt aus den Worten „das von mir begründete..." Das Verdienst am Zustandekommen der Geiseltalsammlungen war wirklich dasjenige Weigelts und seiner Assistenten und Schüler, vorab Ehrhard Voigts. Allerdings hatte man Walther schon 1919 die Erweiterung des Instituts durch die ehemalige Garnisonkirche, die seither die Geiseltalsammlungen beherbergt, zugesagt. Auch waren unter seiner Leitung 1924 die ersten Grabungen im Geiseltal begonnen und in den folgenden Jahren fortgesetzt worden. Sie lieferten aber noch keine wirklich bedeutenden Funde. Man wußte noch nichts von den großen Leichenfeldern der Grube „Cecilie", die von Weigelt aufgespürt und unter seiner Leitung ausgegraben wurden.

Zwei weitere Bücher brachte Walther noch in seinen letzten Jahren heraus. 1935 eine „Einführung in die deutsche Bodenkunde", Resultat seiner langjährigen Vorlesungen darüber. Als er die Professur übernahm, wurde die Bodenkunde noch mit von dem Geologen gelesen. Inzwischen hatte sie sich jedoch längst zu einem eigenen Fach entwickelt. So vermochte Walther hier nichts Neues zu bieten, leider eher Veraltetes. Das war ihm auch bewußt, denn er schränkte in seinem Vorwort ein, daß das Buch nur durch die Betonung des klimatischen Aspektes und wegen der geologischen Vorgeschichte des Bodens und seiner biologischen Bezüge Daseinsberechtigung habe. „Mediterranis" erschien 1936 in „Petermanns Mitteilungen" als seine letzte fachliche Publikation. Wieder hatte er sehr viel Stoff zusammengetragen, um eine Gesamtschau über die Probleme des Mittelmeeres zu geben. Interessante Gedanken, heute aktuell, wie das Trockenfallen (mindestens des östlichen)

Mittelmeerraumes oder der Durchbruch des Atlantik in das tieferliegende Mittelmeerbecken werden diskutiert. Er dachte bei dem letzteren Ereignis, das heute ins Miozän gestellt wird, an vorpleistozäne, also viel jüngere Vorgänge – weil sonst die Nilpferde, deren Reste in Spanien gefunden wurden, nicht mehr über die Landbrücke von Gebraltar dorthin gekommen wären. Überhaupt waren ihm die Nachweise von Migrationen der Großtiere aus Afrika nach Europa wichtig. Das Heft bietet eine reiche Stoffsammlung zur Geschichte des Mittelmeeres, von der allerdings heute vieles nicht mehr gültig ist und die die rechte Straffheit nicht mehr hat.

So sank sein Stern und ähnlich dem Schicksal vieler großer Gelehrter, auch seines Lehrers Haeckel, ging die Zeit über ihn hinweg. Eine Schülerin des Heidelberger Geologen Wilhelm Salomon-Calvi erinnert sich, Walther bei einer Tagung in Halle (wohl der Tagung der Paläontologischen Gesellschaft 1931) erlebt zu haben: „Da war er doch schon recht alt." Man habe sich abends im Kreise Salomons darüber unterhalten. Sie brachte von der Tagung ein trauriges Versehen unbekannter Provenienz mit:

„Ich schrieb einst von der Wüste
ich schrieb einst auch vom Meer,
jetzt geh' ich langsam zur Rüste
und schreib' nur noch populär."

Obwohl gerade „Mediterranis" zeigt, daß das nicht zutraf, beleuchtet es die Meinung vieler Kollegen über Walther in seinen späten Jahren. An diesen späten Walther hat Walter Carlé eine andere Erinnerung vom Geiseltalkolloqium am 29. Januar 1933:

Wir hatten die große Freude, neben vielen anderen Koryphäen den greisen Emeritus und seinerzeit berühmten Geologen Johannes Walther wenige Jahre vor seinem Tode noch zu sehen und ein Grußwort sprechen zu hören (Carlé 1988, S. 122).

Karl Mägdefrau (briefliche Mitteilung):

Auf der Paläontologentagung in Halle (1931) hielt ich einen Vortrag über die Stammesgeschichte der Lycopodiales [Bärlappgewächse], wobei sich Walther an der anschließenden Diskussion beteiligte und auf den Unterschied zwischen dem unteren Abschnitt des Stammbaumes mit vielen Verzweigungen und dem oberen Abschnitt (mit wenigen durchlaufenden Linien) hinwies. Dies zeigt den Blick Walthers für das Wesentliche.

Duisberg und Walther, beide nun Mitte siebzig, hatten mit zunehmenden Altersleiden zu kämpfen. Als Duisberg im Januar 1935 schon sehr krank war, schrieb ihm Walther, daß auch er sich nach einer Viertelstunde Gehens bereits nach einer Bank umsehen und seine Schreibtischarbeit portionieren müsse, weil er so rasch dabei ermüde. Deshalb könne

Abb. 27. Walthers Grabstätte in Eisenach (Zeichnung nach einer von Herrn Dr. R. Jordan, Hannover, zur Verfügung gestellten Fotografie)

er auch den kranken Freund nicht besuchen kommen. Deos Leben neigte sich schon dem Ende zu – am 16. März beschrieb sein Privatsekretär Walther den Ernst der Lage und schloß:

...So schwer es mir wird, Ihnen die volle Wahrheit zu schreiben, hielt ich mich doch für verpflichtet, Ihnen als dem intimsten Freund des Herrn Geheimrat, rückhaltlosen Aufschluß zu geben.

Drei Tage später kam das Ende. Walther überlebte den Freund um zwei Jahre, aber: „I am finished with scientific work" schrieb er 1936 an Amadeus Grabau nach Peking (Friedman 1986, S. 111).

Walthers Tochter Sigrun war inzwischen mit ihrer Familie nach Berlin gezogen und so beschlossen Walthers, ihr dorthin zu folgen. Am 1. April 1937 fand der Umzug statt. Auf Anraten seines Artzes fuhr Walther gleich danach zu einer Kur nach Hofgastein, die ihm so gut bekam, daß er sich besonders wohl fühlte. Doch als er am 1. Mai mit seiner Zigarre ins Lesezimmer des Hotels kam, traf ihn ein Gehirnschlag, der ihm das Bewußtsein nahm. Er starb wenig später, am 4. Mai abends und wurde im Erbbegräbnis der Familie Walther in Eisenach beigesetzt. Heute pflegen Thüringer Hobbygeologen sein Grab (briefliche Mitteilung Dr. W. Ernst, Greifswald). Der Stein trägt die Inschrift: „Was sucht ihr den Lebendigen bei den Toten" (Lukas 24,5). Frau Janna Walther starb 1956 in Freiburg.

14 Die Lehrer

14.1 Ernst Haeckel (1834–1919)

Wie für viele andere Studenten in Jena war Ernst Haeckel für Walther das bewunderte und verehrte Vorbild. Uschmann (1959) und Franke (1987), vor allem aber auch Walther mehrfach selbst, haben auf den bestimmenden Einfluß hingewiesen, den Haeckels Persönlichkeit und Denken auf seine Entwicklung nahm. Das betrifft darüber hinaus auch seinen äußeren Lebensweg: Ohne die Fürsprache Haeckels (und einiger diesem nahestehenden Kollegen) hätte Walther weder immatrikuliert, noch promoviert, geschweige denn habilitiert werden können. Auch seine Ernennung zum besoldeten „Haeckel-Professor" verdankt er der Initiative seines Lehrers. So war er über sehr viele Jahre von diesem abhängig. Er befand sich bis er 1906, bereits sechsundvierzigjährig, Jena verließ, immer im Umkreis Haeckels, wurde von ihm beraten und gefördert, nahm an dessen Referierabenden wie an seinen Wanderungen in Jenas Umgebung teil. Auch Haeckels berühmte Freunde Credner, Richthofen und Zittel wandten Walther sicherlich nicht zufällig von Anfang an ihr wohlwollendes Interesse zu.

Den noch kranken Jüngling, den nur die tiefeingewurzelte Hoffnung antrieb, eines Tages doch noch das ersehnte Ziel eines Gelehrtenlebens verwirklichen zu können, nahm die kraftvolle, entschiedene Persönlichkeit Haeckels schon bei der ersten Begegnung in besonderer Weise gefangen. Abgesehen von Haeckels Charisma, das auf viele Schüler wirkte, die eigens seinetwegen nach Jena kamen, ist bei Haeckel und Walther eine gewisse Ähnlichkeit der Grundanlagen unverkennbar (in einigen Gedächtnisartikeln wurde von Kongenialität gesprochen). Beide besaßen den raschen Blick für Wesentliches und interessierten sich in erster Linie für die großen Zusammenhänge in ihrer Wissenschaft, wobei

Abb. 28. Ernst Haeckel in Tropenausrüstung, 1882 [3]

die Detailarbeit eher in den Hintergrund trat; beide waren lebhafte Naturen, die begeistern konnten, weil sie selbst bis ins hohe Alter begeisterungsfähig blieben. Sie besaßen künstlerische Gaben, wobei bei Walther zu den Talenten des Schreibens und Zeichnens noch die musikalischen Neigungen kamen; auch Walther reiste viel und gern, wobei er, wenn es sich machen ließ, auf seinen großen Reisen sicher nicht zufällig Orte aufsuchte, die Haeckel ebenfalls besucht hatte, ja, das Ziel seiner ersten Wüstenreise waren geradezu die Korallenriffe bei Thor auf dem Sinai, die in Haeckels Reisebriefen so begeistert geschildert werden. Wie Haeckel, so aquarellierte auch er unterwegs, allerdings nicht mit der gleichen Ausdauer wie dieser. Beider rhetorische Gabe ließ sie Glück und Erfolg in der Lehrtätigkeit finden, auch bei der Verbreitung ihrer Wissenschaft im Volk. Wie Haeckel prägt Walther gerne neue Worte im Bereich seiner Wissenschaft. Einige davon haben sich eingebürgert, wie die Bezeichnung „Windkanter" für windgeschliffene Steine oder „Deflation" für äolische Abtragung. Die Neigung, Gesetze zu formulieren, lag bei dem Aufschwung der Physik zwar im Trend der Zeit, und man versuchte dies für die anderen naturwissenschaftlichen Fächer ebenso. Doch mag man Walthers „Gesetze" (Fazieskorrelation, Wüstenbildung) auch im Zusammenhang mit Haeckels biogenetischem Grundgesetz sehen.

Haeckel hatte bei der Habilitationsbeurteilung Walthers eine „gewisse dogmatische Neigung" bemängelt – aber besaß er diese nicht selbst? So war vieles, was Haeckel kennzeichnete, auch in Walthers Naturell angelegt. Doch war er vielschichtiger und, obwohl mitunter durchaus streitbar, vermittelnder und weicher in seinem Wesen. Die scharfen Konturen von Haeckels Charakter besaß er nicht.

Haeckel, der sich bei seinem vehementen Einsatz für Darwins Theorie natürlich auch für die Evolution in der Vorzeit interessierte, lehrte, daß es drei Wege zu deren Entschlüsselung gebe: Die vergleichende Anatomie der rezenten Fauna; die Ontogenese der Jugendformen nach seinem biogenetischen Grundgesetz und das Studium der Fossilien. Er wird von Walther erwartet haben, daß dieser als Geologe und vor allem als Paläontologe seine (Darwins) Vorstellungen von dieser Seite her verifizieren würde. Wenn Walther dies auch so nicht durchgeführt hat, weil er sich bald von rein paläontologischen Fragestellungen ab- und übergreifenden geologischen Problemen zuwandte, bei denen die Paläontologie eher nur Hilfestellung gab, so konnte Haeckel doch mit ihm zufrieden sein: Die Wege der Geologie, die Walther propagierte, sind weithin aus Haeckels Anregungen erwachsen. So wandte Walther zum Beispiel die vergleichende Anatomie konsequent auf die „vergleichende Gesteinsforschung" an.

Haeckel gewann in Walther einen Anhänger, der die ihm geleistete Hilfe mit Treue vergalt. Die Tatsache, daß er in einem anderen Fach tätig war, mag dazu beigetragen haben, daß sich das Verhältnis zwischen ihnen nie trübte, wie das sonst bei vielen Zoologen aus Haeckels Schule geschah, weil dieser nicht vertrug, wenn seine Schüler in andere Richtungen gingen. Selbst als Walther den weltanschaulichen Dogmatismus, den Haeckel zunehmend pflegte, nicht teilen mochte, fiel kein Schatten auf die Beziehung: „...Haeckel nahm mir meine rückhaltlosen Worte nicht übel und unsere Freundschaft blieb ungetrübt." Allerdings hat sich Walther in brisanten Lagen jeweils auch geschickt zu verhalten gewußt – „weltmännisch" nannte ihn Bruno von Freyberg.

So hebt sich denn auch in der von den Monisten, den Anhängern von Haeckels naturphilosophischer Weltanschauung, dominierten Festschrift zu Haeckels 80. Geburtstag (1914 b) sein kleiner Beitrag wohltuend von vielen üppigen Elogen ab: Er schildert Haeckel als großen Reisenden, schlicht, liebenswürdig, menschlich.

14.2 Edmund von Mojsisovics (1839–1907)

Im Gegensatz zu den vielen Jahren, die Walther im Umkreis Haeckels verbrachte, war seine Begegnung mit Edmund von Mojsisovics nur kurz, allerdings für seine spätere Arbeit von entscheidender Bedeutung. Als Volontär der k.k. Reichsanstalt begleitete er den schon berühmten Mojsisovics für zwei Sommermonate bei dessen Kartierungen in den Kalkalpen. Wieder traf er in der Gestalt des beweglichen, schwungvollen Ungarn eine verwandte Natur. Die tägliche harte Geländearbeit, die reichlich Stoff für die abendlichen Diskussionen in den Hütten lieferte, führte sie menschlich und fachlich rasch zusammen. Wie in Jena von Haeckel, so war der angehende junge Geologe nun von Mojsisovics hingerissen:

Was ich bis jetzt nur ahnte, davon bin ich jetzt überzeugt: Daß Mojsisovics der bedeutendste Geologe unserer Zeit ist. Es macht mir viel Freude wie mir seine Anschauungen nach und nach in Fleisch und Blut übergehen... (an Haeckel, 28. Juli 1884).

Abb. 29. Edmund von Mojsisovics, ca. 1860 [32]

Mojsisovics war in diesem Sommer 45 Jahre alt, Chefgeologe an der k.k. Reichsanstalt mit dem Titel eines Oberbergrates, weithin anerkannt für seine umfangreichen geologischen und paläontologischen Arbeiten in den Alpen, vor allem den Hallstätter Triaskalken, wo er die Bedeutung von Faziesvertretungen gleichzeitiger Ablagerungen erkannte. Er hat sicher die entscheidenden Anstöße für Walthers grundsätzliche Betrachtungen der Faziesfragen gegeben.

Die bei ihm erworbenen Kenntnisse über die alpinen Riffkalke trieben Walther bei seinem zweiten Aufenthalt in Neapel auch dazu, die Studien durch chemische Untersuchungen zu vertiefen. Vor allem aber geht die Reise zu den Korallenriffen des Roten Meeres und sein Interesse an der Diagenese von Riffen (Adamsbrücke) auf diese Erfahrungen zurück:

...Küstengeologie ist mein Losungswort geworden und mein Lehrer [Mojsisovics] schürt mir das Verlangen, auf dem Gebiet weiterzuarbeiten... (an Haeckel, 28. Juli 1884).

Mojsisovics und Walther blieben nach dieser ersten Begegnung weiter in Kontakt. So wohnten sie während des Internationalen Geologenkongresses 1885 in Berlin zusammen und Walther war stolz über den Abschiedskuß seines Lehrers (Kapitel 3.4).

14.3 Georg Schweinfurth (1836–1925)

1884 sah Walther in Begleitung des Afrikaforschers Gustav Nachtigal, der damals in Tunis deutscher Geschäftsträger war, zum ersten Mal die Wüste. Das wurde für sein empfängliches Gemüt zu einem Eindruck, der ihn nicht mehr loslassen sollte. So lockte ihn die Sinaireise nicht nur wegen der Korallenriffe des Roten Meeres, sondern auch wegen der Möglichkeit, dort die Wüstenphänomene zu studieren. In Georg

Abb. 30. Georg Schweinfurth (Hand an der Zeltstange) und Johannes Walther (weißer Anzug) in der Wüste, 1886 (Überlassen von von Frau Sigrun Carl)

Schweinfurth fand er seinen Lehrer. Schweinfurth lebte um 1886 fast ständig in Kairo und ging, wann immer er konnte, in die ägyptische Wüste, um dort zu kartieren. Obwohl in erster Linie Botaniker, war er Naturforscher im breitesten Sinne. Darüberhinaus interessierte er sich auch für archäologische und ethnologische Fragen und hatte dazu große eigene Sammlungen. Die Einführung, die Walter durch ihn erfuhr, war für den in der Wüste noch unerfahrenen jungen Geologen von unschätzbarem Wert. Auch diese beiden recht verschiedenaltrigen Männer faßten bei gemeinsamer Arbeit rasch füreinander Sympathie. Das Leben in der Wüste braucht Naturen, die von ihrer unheimlichen Großartigkeit angezogen werden. Für Walther wurden von nun an Wüstenfragen zu einem Hauptarbeitsgebiet. Er legte vor allem der besonderen Form äolischer Abtragung, der Deflation, für die Landschaftsformung Gewicht bei. Wie viele Geographen, so hat auch Schweinfurth Walthers Ansichten darüber erst zögernd gegenübergestanden, dann aber entschieden zugestimmt.

Walther und Schweinfurth trafen sich auch später zu gemeinsamen Wüstentouren oder zu Diskussionen in Berlin, wie aus vielen Briefstellen beider ersichtlich wird. Dabei waren sie häufig gleicher Meinung. Schweinfurth:

...Walther hat ganz recht, wenn er für Ägypten dem Tau weniger Bedeutung zuschreibt (23. Februar 1909 an Blankenhorn) (33).

Im Vorwort der vierten Auflage seines Wüstenbuches (1924), die Walther Schweinfurth zu seinem 87. Geburtstag widmete, hat er für ihre Beziehung schöne Worte gefunden:

Seine Tagebücher und seine Karten, sein Zelt und seine Freundschaft haben wesentlichen Anteil an dem, was ich leisten konnte.

14.4 Ferdinand von Richthofen (1833–1905)

Es bleibt noch Richthofens zu gedenken. Zu dem Jugendfreund Ernst Haeckels hatte Walther zweifellos bereits in Leipzig Kontakt, und der große Geograph, Geologe und Forschungsreisende wurde zu einem seiner warmen Förderer. Sie standen in angeregter Verbindung. Der farbige Brief Walthers über seine sächsische Wanderung (Kapitel 7.1) belegt es. Aus der Nähe der Beziehung erklärt sich, daß Walther während des Ber-

Abb. 31. Ferdinand von Richthofen, 1880 [34]

liner Geologenkongresses mehrere Tage Frau von Richthofen (und Frau von Zittel) zu widmen hatte (Kapitel 3.4). Richthofens Buch ,,Führer für Forschungsreisende" (1886) war für ihn wie für viele andere, die hinauszogen, ein Vademecum. Daran geschult, hat Walther in Halle Vorlesungen mit dem Thema ,,Anleitungen für geologische Beobachtungen auf Reisen" gehalten.

Neben diesen vier Männern treten die Anregungen, die von anderen Lehrern kamen, zurück. Gewiß hat er bei Hermann Credner die Anfangsgründe der Geologie gelernt, bei Karl von Zittel Paläontologie, haben beide ihn auch später gefördert. Gewiß auch hat er bei Gümbel Anstöße dafür erhalten, die meeresgeologische Richtung einzuschlagen und hat Friedrich Ratzel seine geographischen Neigungen vertieft. Die Sammlungen des Hallenser Instituts hat er nach dem Muster eingerichtet, das er bei Albert Heim in Zürich kennengelernt hatte (35). Doch läßt sich die Spur dieser Lehrer in seinem Leben nicht so deutlich verfolgen wie bei den vier Besprochenen.

15 Kollegen – Freunde – Gegner

Geologie und Paläontologie waren im Laufe des 19. Jahrhunderts in voller Entwicklung. Um die Jahrhundertmitte sammelten in Deutschland mehrere glänzende Fachvertreter – Ernst Beyrich in Berlin, Hermann Credner in Leipzig, Emanuel Kayser in Marburg, Adolf von Koenen in Göttingen, Friedrich August Quenstedt in Tübingen, dessen früh verstorbener Schüler Albert Oppel und Karl von Zittel in München, auch Ferdinand Roemer in Breslau und schließlich Ernst Wilhelm Benecke in Straßburg – zahlreiche Studenten um sich, die auf den von ihnen bereiteten Wegen weiterarbeiteten. Zu ihnen gehörte Walther. In der Abb. 32 wurde der Versuch gemacht, die Geologen und Paläontologen aus Walthers Generation, die als ordentliche Professoren Institutsdirektoren wurden, zu erfassen. Die Auswahl erfolgte dabei nach ihren Geburtsjahren in der Spanne von 1850-1870, d.h. zehn Jahre vor und nach Walthers Geburtsjahr. 32 Namen konnten so erfaßt werden.

Unter diesen Vertretern befinden sich 14, die von der Mineralogie herkamen und als Institutsleiter traditionsgemäß die Geologie und Paläontologie mit zu lehren hatten, bis – in manchen Instituten sehr spät – erst im Laufe dieses Jahrhunderts zwei getrennte Ordinariate eingerichtet wurden. Dabei war für Geologie/Paläontologie vorerst meist ein Extraordinariat vorgesehen. Im Gegensatz zu den Mineralogen ist bei den Geologen nur von Gustav Steinmann bekannt, daß er in Freiburg zunächst noch vierstündig auch die Mineralogie zu lesen hatte, obwohl ihm mineralogischerseits wenige Kenntnisse in diesem Fach attestiert wurden (Kapitel 4). Das mag aber umgekehrt bei den Mineralogen in der Geologie nicht sehr viel anders gewesen sein. Die übrigen 17 Lehrstuhlinhaber lehrten Geologie und Paläontologie, oft mit Schwergewicht auf letzterer, wie Fritz Frech, Ernst Gürich, Otto Jaekel, Ernst von Koken und Victor Uhlig.

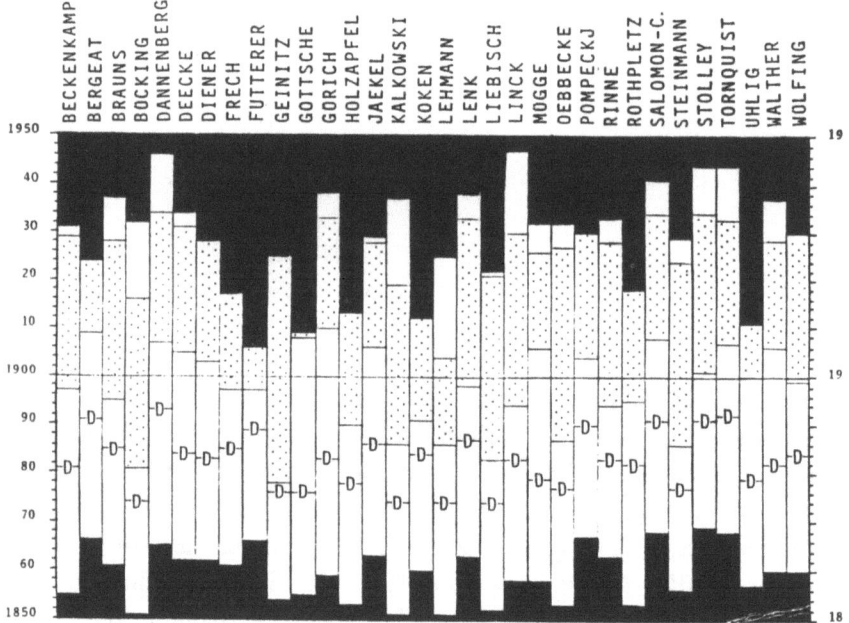

Abb. 32. Übersicht über die Inhaber geologischer Lehrstühle aus Walthers Generation. Die *weißen Blöcke* setzen mit der Geburt ein und enden mit dem Tod. *D* bezeichnet das Jahr der Promotion. Die *punktierten Zonen* umfassen die Bereiche, in denen die jeweiligen Vertreter Lehrstuhlinhaber waren

Namen wie diese oder die der mehr geologisch orientierten Wilhelm Deecke, Josef Pompeckj, Wilhelm Salomon-Calvi und natürlich Gustav Steinmann werden auch dem geologiegeschichtlich weniger interessierten Fachmann noch bekannt sein. Sie alle haben Solides und Wichtiges zu den Gebieten beigetragen, auf denen sie tätig waren. Den Zug zur großen Überschau, zum Einschlagen neuer Richtungen, besaßen aber vor allen anderen Steinmann und Walther.

Mit Ausnahme von Beckenkamp, Dannenberg und Rothpletz waren alle hier Erfaßten jung, als sie promovierten: Friedrich Rinne 20, Steinmann, Diener und Mügge 21, Deecke und Walther 22 Jahre. Das durchschnittliche Promotionsalter aller beträgt 23 Jahre. Dies gibt Anlaß zum Nachdenken, auch wenn man bedenken muß, wie sehr seither die Spezialisierung fortgeschritten und der Wissensstoff angewachsen ist. Die Doktorarbeiten waren natürlich damals entsprechend kürzer als heute. Man brauchte zu ihrer Fertigstellung gewöhnlich nicht mehr als ein halbes Jahr – das reicht heute nicht mehr zu einer Diplomarbeit!

Die Zeit, die die Lehrstuhlanwärter nach ihrer Promotion und Habilitation dann im Wartestand des Privatdozenten, Titularprofessors oder ausnahmsweise auch schon besoldeten Extraordinarius zubrachten, war recht unterschiedlich lang. Spitzenreiter bei einer raschen Berufung waren Eugen Geinitz, der spätere Kartierer Mecklenburgs, mit 24, der Mineraloge Ferdinand Bücking und Gustav Steinmann mit 30 und Ernst v. Koken mit 31 Jahren. In ihren späten dreißiger Jahren wurden 11 berufen, die restlichen 16 konnten mit über vierzig, ja, drei von diesen sogar erst mit über 50 Jahren ein Institut übernehmen. Von den letzteren war allerdings Gottsche schon einmal mit 28 Jahren Professor in Tokio gewesen. Wenn man an die frühen Promotionen denkt, war die Wartezeit auf ein Ordinariat und damit auf volle Selbständigkeit oft unverhältnismäßig lang. Bei den Mineralogen war sie im Schnitt kürzer, da es hier mehr Lehrstühle gab. Die ungünstige Situation für den akademischen Nachwuchs wurde schon im Kapitel 5 ,,Wissen und Erfahrung" näher geschildert.

Nach der Besetzung eines Ordinariats war ein Universitätswechsel bei erneuter Berufung nicht häufig. Es gab aber Universitäten, an denen niemand lange blieb, zum Beispiel Königsberg oder Kiel. Der Mineraloge Friedrich Rinne wechselte innerhalb von zwei Jahren 1908-1909 dreimal die Universität: Königsberg-Kiel-Leipzig. An Walther hatte Rinne geschrieben, daß er nach Königsberg ginge, ,,hoffentlich auf nicht allzu lange Zeit" (36). Eine Sperrfrist nach einer Berufung, wie es sie heute gibt, existierte also damals noch nicht.

Das Diagramm zeigt auch, daß die Mehrzahl von Walthers Kollegen bei der Emeritierung die Altersgrenze überschritt, diese also nicht sehr streng gehandhabt wurde.

Das Durchschnittsalter der 32 Repräsentanten liegt bei 70 Jahren. 18 wurden mehr als 70, vier über 80 Jahre alt.

Die meisten von ihnen hatten bei einem oder auch mehreren der anfangs Genannten studiert. So kannten sie sich untereinander recht gut, weit besser als heute, wo die größere Zahl von Instituten, Dozenten und vor allem Studenten dem entgegensteht. Darauf ist auch die so viel persönlichere Atmosphäre der Tagungen jener Zeit zurückzuführen, mit allen damit verbundenen Vor- und Nachteilen. Dabei war man weit weniger rücksichtsvoll als heute und lieferte sich oft aggressive Wortgefechte. Ein nachgerade fast sprichwörtliches Beispiel war die Gegnerschaft zwischen Jaekel und Pompeckj.

Walther war nächst den Jenaer Biologen vor allem mit den Münchener Studiengenossen näher verbunden. Unter ihnen standen ihm Wilhelm Deecke, der in Greifwald und dann in Freiburg wirkte und Eberhard Fraas, der nachmalige Leiter der paläontologischen und geologischen Abteilung des Stuttgarter Naturalienkabinetts, besonders nahe.

Guten Austausch hatte er mit Max Blankenhorn, der die erste große Geologie von Ägypten schrieb. Zu Kollegen aus der Geographie unterhielt er manch freundschaftliche Verbindung, vor allem zu Albrecht Penck. Besonders glücklich machte ihn die Begegnung mit Sven Hedin (Kapitel 8.1).

Über Deutschland hinaus pflegte er viele Verbindungen. Als Freundschaften sind nur die Beziehungen zu Sven Hedin und zu Amadeus Grabau in den USA belegt, letztere durch den von G.M. Friedman in Peking aufgefundenen Briefwechsel.

Regen Verkehr über die Fachgrenzen hinaus unterhielt er in Halle in gesellig-literarischen Kreisen (Kapitel 8.1). Seine zunächst guten Beziehungen zu Emil Abderhalden, seinem Nachfolger in der Leopoldina-Präsidentschaft, kühlten sich jedoch mit den Jahren über Differenzen in der Amtsführung der Leopoldina ab. Über allen diesen Verbindungen

Abb. 33. Carl Duisberg und Johannes Walther (rechts) im Gespräch, aufgenommen beim 70. Geburtstag von Duisberg, 1931 [6]

stand die Freundschaft mit Carl Duisberg. Sie spricht aus allen Briefauszügen, erscheint auf vielen Seiten dieses Lebensberichtes. In Duisbergs aufgeschlossener, rheinischer Natur lag eine ausgeprägte Gabe zur Freundschaft. Er blieb der Vertraute, der selbstverständlich Helfende, auch der Vermittelnde, wenn Walther sich in irgendeinem Ärger versteifen wollte. Daß der Kontakt zu dem Dritten im Jenaer Freundschaftsbund, dem Dichter Carl Hauptmann, auch von Walthers Seite her nicht ganz unterbrochen wurde, beruhte auf Duisbergs ausgleichender Art.

Walther ging seinerseits in seinen Briefen ebenfalls stets sorgsam auf die Freuden und Sorgen ,,Deos" ein, die dieser ihm in oft langen Briefen schilderte. In den ersten Jahren nach dem Studium trafen sie sich öfters zu einigen Tagen gemeinsamen Wanderns. Diese Begegnungen wurden mit der zunehmenden Belastung beider, vor allem Duisbergs, seltener, aber, wann immer es möglich war, eingeplant. Die beiden ergänzten sich zweifellos in besonderer Weise: Der geradlinige, energische, rasch entschlossene Duisberg neben dem künstlerischen, vielschichtigeren Walther – sprechend drückt sich ihre Zuneigung in dem Altersbild aus, das bei der Feier von Duisbergs 70. Geburtstag aufgenommen wurde.

Zu den Gegnern: Diese hatte Walther in größerer Zahl, aber über Feinde ist nichts bekannt, wenn man von der offensichtlich feindseligen Haltung Kalkowskis ihm gegenüber absieht (Kapitel 6.5). Eine gewisse Abneigung gegen Steinmann bestand schon seit der kurzen Zeit in Jena, während welcher Steinmann sein Vorgesetzter war. Sie waren nicht nur sehr unterschiedliche Naturen, sondern wurden auch in ihren paläontologischen Anschauungen Kontrahenten. Steinmann vertrat einen extrem lamarckistischen Standpunkt und sah statt eines Stammbaumes nur nebeneinander laufende Entwicklungslinien, führte die Entwicklung der Wirbeltiere auf die Ascidien (Seescheiden) zurück (Hölder 1989). Walther verfocht mit Modifikationen Darwins Ansichten. An Duisberg schrieb er beim Erscheinen der ersten Lieferung seiner ,,Allgemeinen Paläontologie":

...Freilich muß noch eine ganze Generation älterer Geologen z. B. Steinmann und sein Kreis absterben, ehe die neue Richtung ihren Siegeslauf voll auswerten kann... (10. November 1922).

Steinmann war gerade vier Jahre älter! Ihre Gegnerschaft ging jedoch nicht so weit, daß Walther etwa nicht Mitglied der von Steinmann gegründeten Geologischen Vereinigung geworden wäre. Eine gewisse ge-

genseitige Anerkennung auf anderen Feldern wird bei beiden bestanden haben.

Scharf, wie damals üblich, war eine Auseinandersetzung mit Alexander Tornquist aus Koenens Schule in Göttingen. Dieser wollte nicht an die von Walther postulierte Bedeutung der Verdriftung von Ammonitenschalen glauben und verlangte in seiner Kritik, daß Walther ableugnen solle, was dieser natürlich nicht tat. Er beendete den Disput mit den Worten:

Ich lege hiermit gegen einen solchen Ausdruck Protest ein, da es nicht zu meinen Gepflogenheiten gehört, etwas abzuleugnen, was ich als richtig erkannt habe (Walther 1898a, S. 595).

In den Gutachten für seinen Lehrauftrag in Jena (Kapitel 6.5) wird deutlich, daß er in seinen jüngeren Jahren manchen Gegner unter älteren Fachgenossen hatte, die von seiner raschen Art, in der er oft auch spekulative Ansichten in Umlauf brachte, schockiert waren. In dem Maße, in dem das in seinen Arbeiten zurücktrat, scheinen diese Gegenerschaften nachgelassen zu haben – doch welcher Gelehrte von einiger Bedeutung hätte nicht Gegner? Durch die dadurch ausgelösten Kontroversen wird die Wissenschaft gefördert.

Auch Walthers Einsatz dafür, die Geologie breiten Kreisen verständlich zu machen, stieß nicht selten auf Ablehnung. Weigelt meinte, ihn deswegen in seinem Nachruf verteidigen zu müssen: Es sei nicht schwer, sich auf sein Spezialgebiet zurückzuziehen und über Bestrebungen, den Wissensstoff gemeinverständlich darzustellen, die Nase zu rümpfen. Wirklich volkstümlich zu sein sei sehr viel schwerer. „Viele haben ihn kritisiert, aber wenige erreicht."

...erreichen will ich was, man soll mich verehren oder bekämpfen, ich will ein wissenschaftlicher Charakter werden, ein Forscher, den man tadelt und schmäht aber als Eigenart anerkennt.

An dieses Briefzitat aus dem Jahre 1886 (Kapitel 3.4) soll hier noch einmal erinnert werden.

16 Die Schüler

Für Walthers Hallenser Zeit – nur in dieser konnte er eigene Schüler haben – wurden 26 Doktoranden ermittelt. Ihre Namen und Ihr Promotionsjahr (37):

Hans Heinrich Baetge (1924), Ben Barnes (1927), Johannes Barnitzke (1909), Wilhelm Carl Brauch (1923), Eugen Dietz (1909), Bruno von Freyberg (1919), Hans Hahne (1918), Rudolf Hermann (1925), Heinrich Jahns (1924), Wilhelm Kremmling (1912), Franz Meinecke (1910), Richard und Hans Lehmann (1921), Wilhelm Röpke (1924), Ernst Rübenstrunk (vor 1916), Heinrich Santelmann (1925), Willi Scharf (1924), Johannes Schander (1921), Max Schensky (1927), Walther Schubel (1911), Victor Selle (1907), Richard Sieburg (1909), Yen Chu Sun (1927), Erich Thomas (1923), Johannes Weigelt (1918) und Karl Willruth (1917).

Der Einschnitt des Weltkrieges drückt sich in dieser Liste dramatisch aus!

Die Themen der Arbeiten sind breit gestreut, zum Beispiel:

„Über den Schädelbau von Capitosaurus nasutus" (Röpke), „Über den Mundsaum und die Wohnkammer der Ceratiten des oberen deutschen Muschelkalks" (Sun), „Zechsteinriffe in Thüringen" (Baetge), „Geologische Lagerung von Moorleichen und Moorbrücken" (Hahne), „Die Gesteinsklüfte des östlichen Harzvorlandes" (H. Lehmann). R. Lehmann schrieb über das Diluvium des unteren Unstruttales, Meinecke über das Liegende des Kupferschiefers und Sieburg über transversale Schieferung im Thüringer Schiefergebirge.

Das zeigt einmal die sehr breit gestreuten Interessen, die im Hallenser Institut gepflegt wurden, und weist zum anderen darauf hin, daß Walther keine „Schule", keinen auf ein einheitliches Ziel hinarbeitenden

Schwerpunkt begründet hat, sondern seinen Schülern die Wahl des Themas nach ihren Neigungen ermöglichte. Man möchte das bedauern. Seine „ontogenetische Methode" hätte durch eine größere Zahl von Beispielen wesentlich besser demonstriert werden können. Doch dachte zu seiner Zeit wohl kaum jemand an solche gezielten Kooperationen.

Die meisten der genannten Doktoranden gingen in die geologischen Landesanstalten oder in die Industrie, so auch die beiden begabten Zwillingsbrüder Hans und Richard Lehmann, die nach, auch während ihres Kriegsdienstes völlig identischen Lebensläufen, 1921 gleichzeitig mit demselben Prädikat „summa cum laude" promovierten – immerhin mit grundverschiedenen Themen.

Drei Walther-Schüler wurden angesehene Hochschullehrer:

Johannes Weigelt (1890–1948), schon bald nach Kriegsbeginn schwer kriegsversehrt, vertiefte und erweiterte als Nachfolger Walthers manche von dessen Ansätzen. Auch er arbeitete am Meer, an den Flachwassersedimenten der Nordsee. Er schuf die neue Arbeitsrichtung der Biostratonomie, das heißt die Untersuchung und Deutung der Lagerung von Tierleichen, einmal durch rezente Beobachtungen an der Küste von Texas und, auf fossile Bedingungen angewandt, an den großen Leichenfeldern der Braunkohle des Geiseltales. Als deren Ausgräber wurde er berühmt. Sein grundlegendes Buch von 1927 (Rezente Wirbeltierleichen und Ihre paläobiologische Bedeutung) erschien 1989 in den USA in Übersetzung – nach über 6 Jahrzehnten. Er baute dabei auf den früheren, aber noch wenig bedeutenden Grabungen Walthers auf. Ähnlich breit interessiert wie sein Lehrer, befaßte er sich mit geologischen, im Schwerpunkt jedoch mit paläontologischen Fragen. Ebenso wie Walther war er an der angewandten Geologie lebhaft interessiert. Auf ihn geht die Erschliessung der Erzlagerstätte Salzgitter zurück, wo er übrigens die tiefste Bohrung, die 100 Meter Erz anfuhr, zu Ehren Walthers „Bohrung Johannes" nannte. Wie Walther nutzte auch er die im Ausland gesammelten Erfahrungen bewußt für die Geologie des heimatlichen Raumes. Mit seinen tektonischen Arbeiten jedoch schlug er von Walther so gut wie nicht begangene Wege ein (Voigt 1962).

Bruno von Freyberg (1894–1981) promovierte ein Jahr nach Weigelt. Nach seinen zunächst paläontologischen Arbeiten in der Thüringer Trias und im Paläozoikum des Thüringer Waldes legte er den Schwerpunkt seiner Arbeiten auf die Geologie. Bei seinen großen, expeditionsartigen

Reisen in Südamerika (vor allem in Minas Gerais) befaßte er sich auch mit wirtschaftlich-geologischen Fragen. Nach seiner Berufung nach Erlangen wurde er zum systematischen Erforscher von Stratigraphie, Tektonik und Fazies der Frankenalb. Daneben führte er in späteren Jahren vielseitige Arbeiten in Griechenland durch – auch er ein „klassischer Geologe", wie er von seinem Lehrer gesagt hatte. Mit diesem teilte er auch das Interesse an der Geschichte des Faches, zu der er in Erlangen eine wertvolle Sammlung anlegte, die übrigens viele Erinnerungsstücke an Walther enthält.

Yen Chu Sun (1897–1979) Walthers chinesischer Schüler, promovierte als Dreißigjähriger. Er wurde einer der bedeutendsten Paläontologen Chinas. Gleich nach seiner Promotion wurde er Professor an der Peking-Universität. Nach Beginn des Japanisch-Chinesischen Krieges 1937 wurden die drei nördlichen Universitäten Peking, Tsinghua und Nankai als Südwest-Vereinigte Universität nach Kunming verlegt, wo Sun bis zum Ende des Krieges 1945 Direktor des Gesamtdepartments für Geologie, Geographie und Meteorologie wurde. Danach lehrte er bis 1952 wieder als Direktor des Institutes für Geologie und Paläontologie in Peking. Dann wurde er Direktor der Abteilung für geologische Erziehung im Ministerium, war seit 1955 Mitglied der Academia Sinica und schließlich 1960 Vizepräsident der Akademie für geologische Wissenschaften. Er war eines der Gründungsmitglieder der Geologischen Gesellschaft von China und eine zeitlang deren Präsident, wie er auch als Präsident der Paläontologischen Gesellschaft Chinas vorstand. Seine Arbeiten befassen sich in erster Linie mit der Paläontologie und Stratigraphie der paläozoischen Ablagerungen Chinas. Aber auch allgemeine Fragen wie die der marinen Transgressionen fanden sein Interesse (briefliche Mitteilung Dr. Zhang Bingxi, Peking).

Hochschullehrer wurde schließlich auch Ben Barnes (1903–1969), der Sohn eines Liberianers und einer Deutschen, der 1928 eine Grabung im Geiseltal durchführte und über eozäne Wirbeltierreste von dort promovierte. Nach langjähriger Tätigkeit als Industriegeologe in Frankreich und Brasilien übernahm er eine Professur an der Berghochschule von Ouro Preto in Brasilien (briefl. Mitteilungen Prof. U. Cordani, Sao Paolo und Prof. E. Voigt, Hamburg).

Unter den Autoren und Unterzeichnern der Walther-Festschrift gibt es einige, die zwar bei Walther studiert haben und sich deshalb als seine

Schüler ansehen mochten, jedoch an anderen Orten promovierten. Darunter waren Marcus I. Goldman aus den USA (1881-1896), der 1911 von Walther an die Zoologische Station Neapel geschickt wurde. Er wurde später in den USA ein sehr angesehener Sedimentologe. Der Schotte George Barbour (1891-1977) lehrte längere Zeit in China an der Yenching-Universität und arbeitete mit dem geologischen Dienst von China, bevor er nach den USA, an die Universität von Cincinnati ging. Zu den Unterzeichnern gehört auch Hermann Korn, der bei Hans Cloos promovierte und zusammen mit Henno Martin vor dem zweiten Weltkrieg nach Südwestafrika ging, wo beide sich bei Kriegsausbruch der drohenden Internierung durch die Flucht in die Wüste entzogen (Martin 1970). Der in Erlangen promovierte Paläontologe Florian Heller und auch einige Weigelt-Schüler, wie etwa Ehrhard Voigt, später Professor in Hamburg, zählten zu dem Kreis. Voigt war maßgeblich an den Geiseltalgrabungen Weigelts beteiligt. Obwohl seit jeher der Paläontologie zuneigend, hat er auch geologisch gearbeitet. Seine Vielseitigkeit machte es ihm möglich, bis zu seiner Emeritierung beide Fachrichtungen zu lehren, hierin ganz ein Erbe seiner Lehrer. Von Karl Mägdefrau, dem Paläobotaniker, wurde schon gesprochen (S. 117). In seinem Vorwort zu Walthers Erinnerungen bezeichnet sich der Evolutionsbiologe Gerhard Heberer, der in Jena und Göttingen wirkte, als begeisterter Hörer Walthers. So wurden dessen Ideen nicht nur durch seine Bücher, sondern auch seine Lehre vielerorts fruchtbar.

17 Rückblick – Werk, Wirkung, Persönlichkeit

„We went out
to discover facts and ideas
and we end by meeting people
of our own kind."
(R. Hoykaas)

Am Ende dieser biographischen Studie soll noch einmal zusammenfassend betrachtet werden, was darin über den Forscher, Lehrer und Menschen Johannes Walther deutlich wurde. Bei Betrachtung seiner Leistungen ist seine auch für die damalige Zeit außergewöhnliche Vielseitigkeit auffallend. Sie entsprach seiner beweglichen Natur, war zum anderen jedoch nur in einer Zeit möglich, in der verschiedene Fächer noch einigermaßen überblickbar waren. Dabei verfolgte er dennoch schon sehr früh eine grosse Leitlinie, die ihn zur Entwicklung der „Geobiologie" brachte.

Sie führte ihn zu seinem auf Gressly fußenden Fazieskonzept und beschäftigte ihn beim Studium rezenter mariner Verhältnisse bei Neapel und am Roten Meer, durch die er zum Pionier der deutschen Meeresgeologie wurde.

Geologie und Biologie durchdringen sich in vielen Kapiteln seiner Bücher. Selbst bei seinen rein geologischen Wüstenarbeiten dachte er darüberhinaus „ontologisch" an die „Geschichte der Erde und des Lebens", so einer seiner Buchtitel.

Die Devise: „Abstand gewinnen, um schärfer zu sehen" begleitete ihn auf allen Reisen. Von außen her wollte er die Geologie der Heimat besser sehen und verstehen lernen.

Bei aller Förderung der aktualistischen Methode betonte er die vierte Dimension der Erdgeschichte, die Zeit, und wies immer wieder darauf hin, daß viele geologische Prozesse im Lauf der Erdgeschichte unter anderen klimatischen und biologischen Bedingungen, wohl auch mit anderen Geschwindigkeiten verlaufen seien als heute, ein Punkt, auf den später Walter Beurlen (1938) großen Wert legte. Im Gegensatz zu den meisten seiner Zeitgenossen dachte Walther immer an die Vorgänge aus denen die Zustände als Momentbilder des Geschehens resultieren.

Walthers Wüstenbeobachtungen brachten ihn zu einer Theorie der Salzentstehung, die neben der von Ochsenius heute noch gültig ist. Er war der erste, der auf den wüstenhaften Charakter des deutschen Buntsandsteins, überhaupt auf die Bedeutung fossiler Wüsten, hinwies. Seine heute nur noch teilweise akzeptierte Lösung der Lateritfrage glaubte er in Australien gefunden zu haben. Die ersten, allerdings kleineren Grabungen in der Braunkohle des Geiseltales wurden von ihm initiiert. Diagenesefragen beschäftigten ihn im Zusammenhang mit seinen Korallenriffuntersuchungen. An Fragen der angewandten Geologie war er interessiert. Er befaßte sich mit der Bildung der Braunkohlebecken und deren Salzunterlagerung in Mitteldeutschland. Tektonik hat er nur sporadisch behandelt, doch haben die „Flexuren an den Grenzen der Kontinente" von 1886 dank der Entwicklung der Meeresgeologie in der zweiten Hälfte dieses Jahrhunderts noch einmal eine gewisse Aktualität gewonnen (Kapitel 6.1).

W.H. Twenhofel (1938, S. 227) wies darauf hin, wieviele von Walthers Buchtiteln mit dem Wort „Einführung" beginnen und daß dies für Walther charakteristisch sei – die Vermeidung der endgültigen Aussage aus dem Bewußtsein, daß die Geologie erst an ihrem Anfang stünde. Vieles in seinen Büchern sei so nur als Anregung zu weiterem Forschen zu verstehen. Er hat damit sicher recht. Walther, selbst von vielen angeregt, war ein großer Anreger, kein Vollender. Radim Kettner (1960) hat das in seiner Würdigung Walthers kritisch zum Ausdruck gebracht:

Wenn wir die umfangreichen und mannigfaltigen Schriften von Johannes Walther lesen, würden wir wegen der Art des Schreibens, der Originalität der Gedanken, des kühnen Entwurfs von allerdings nicht näher durchgearbeiteten wissenschaftlichen Problemen sagen, daß der Autor ein deutsch schreibender Franzose sei. Tatsächlich hat Walther viel Ähnlichkeit mit genialen französischen Forschern,. Seine Schriften pflegten oft Polemiken hervorzurufen, aber diejenigen, die diese kritisieren, konnten sich mit Walther hinsichtlich seines wissenschaftlichen Überblicks und der Kenntnis der verschiedensten Weltregionen nicht im mindesten mit ihm vergleichen.

Walthers Arbeitsweise war ausgesprochen intuitiv, wobei ihm seine Phantasie zu der großen Schau verhalf, bei der mitunter einiges zu weit oder daneben ging. Es ist aber erstaunlich, wie oft er mit seinen Ideen, zum Beispiel in Richtung Klimaforschung, Zukunftsweisendes traf. Daß er – jedenfalls in Deutschland – sein großes Ansehen nicht leicht errungen hat, mag vor allem auf diesen von Kettner berührten schwachen Punkt der „nicht näher durchgearbeiteten Probleme" zurückzuführen sein. Spezialisten verlangten genau das, was er nicht gab und wohl auch nicht geben wollte. Minutiöse Detailarbeit war seine Stärke nicht. Seine ganzheitlichen Faziesbetrachtungen wurden von den reinen Stratigraphen, die auf eher eindimensionale Präzision aus waren, nicht geschätzt. Von seinen drei Musterbeispielen (Kapitel 6.1) erschien nur eines, „Die Fauna eines Binnensees in der Buntsandsteinwüste", in einer geologischen Zeitschrift. Die beiden anderen kamen vielen Geologen so vielleicht gar nicht zu Gesicht. Wegen mancher, in jungen Jahren oft sehr rasch publizierter Ideen, wurde ihm Spekulation vorgeworfen, interessanterweise im Zusammenhang mit Eduard Suess, an dem auf diese Weise ebenfalls Kritik laut wurde (Kapitel 6.5; Gutachten zum Lehrauftrag Walther von W. Dames). Große Autoritäten wie Zittel, Credner und Gümbel hielten andererseits schon früh sehr viel von Walther. Es scheint – mit Ausnahme der bedeutenden Dissertation Georg Wagners über Stratigraphie und Bildungsgeschichte des fränkischen Muschelkalks (1913) – erst spät zu der Anwendung seiner Vorstellungen gekommen zu sein. Ein glänzendes Beispiel ist die Monographie Norman D. Newells und seiner Mitarbeiter über die permischen Riffe in Texas (1953). Newells frühe Arbeiten in den dreißiger Jahren, in denen er biologische und paläontologische Aspekte vereint, wurden als „decades ahead" angesehen, lange nach Walthers „Lithogenesis" (1894) (Boyd 1990). Walthers Ansätze wurden dann mehr und mehr eingeführt, als sich die Notwendigkeit dazu bei der Erdölexploration ergab – man dachte aber dabei wohl kaum noch an den Urheber.

Im Ausland war Walthers Wirkung größer als hierzulande. In der Einleitung wurde schon gesagt, daß seine Bücher in Österreich und in der Schweiz hochgeschätzt waren. Im Freiburger Geologenarchiv wird ein Vorlesungsmanuskript von Franz Heritsch in Graz aus dem Jahr 1909 aufbewahrt, in dem er sich in einer Vorlesung „Lithogenesis" ausführlich mit Walthers „Einleitung in die Geolgie als historische Wissenschaft" befaßt (38).

1911 wurde das „Gesetz der Wüstenbildung" ins Russische übersetzt. Seine „Vorschule der Geologie", war in der UdSSR verbreitet, und seine Arbeiten wurden grundlegend für die dort entwickelte Fachrichtung Lithologie der Geologie.

C.M. Nelson (1985) ist den Wegen nachgegangen, auf denen Walthers Fazieskonzept in die USA kam. Er stieß auf die Beziehungen zwischen Walther und H.S. Williams, der bereits in den 80er Jahren über

Faziesänderungen im Devon gearbeitet hatte. Dieser traf beim Geologenkongreß 1891 in Washington mit Walther zusammen, und beide nahmen an der fast einmonatigen Exkursion in den amerikanischen Westen teil. So bekannte Geologen wie Charles Schuchert, Amadeus Grabau und William Twenhofel befaßten sich mit Walthers Werk und kannten ihn persönlich, Rudolf Ruedemann hatte bei ihm studiert. So waren Faziesarbeiten in den USA früh und stetig gefördert.

Auch in Frankreich wurden Walthers Bücher gelesen und diskutiert (Haug 1907–1911). Seine zahlreichen Verbindungen nach England wurden mehrfach erwähnt. Dort schätzte man ihn jedoch vor allem seiner Wüstenarbeiten wegen.

Über den engeren Kreis der Fachwelt hinaus hatte er mit seinen Büchern in Deutschland außerordentlichen Erfolg. Viele von ihnen wurden bei interessierten Laien, für die einige von ihnen ja auch ausdrücklich verfaßt worden waren, zu Bestsellern.

Er war ein fesselnder Redner, der viele Hörer zu gewinnen wußte. Bruno von Freyberg schrieb, daß er ein wohlwollender Vater und Förderer seiner Studenten gewesen sei. Andererseits muß er Distanz gepflegt haben, wie er sie aus seiner eigenen Studentenzeit von Haeckel her kannte.

Nicht nur die akademische Lehre machte ihm Freude, auch die Lehrerbildung war ihm ein ausgesprochenes Anliegen. Er wollte über die Lehrerschaft breite Schichten der Bevölkerung mit einem geologischen Weltbild als Grundlage für eine weite Weltsicht vertraut machen. Da er selbst eine ausgesprochene pädagogische Begabung besaß, fiel es ihm leicht, Pädagogen dafür zu begeistern.

Über den zielbewußten Ausbau des Hallenser Institutes wurde in Kapitel 8 berichtet. Das wissenschaftliche Leben der Akademie Leopoldina hat er kräftig belebt.

Mit aller gebotenen Vorsicht soll zum Schluß der Versuch gewagt werden, Walthers Persönlichkeit, wie sie in den Dokumenten erkennbar wird, zu umreißen.

Er war großgewachsen, hatte dunkelblondes, gewelltes Haar, blaue Augen, eine kräftige Nase und einen festen Mund. Seine Baritonstimme wurde nie laut. Die eher kleinen Hände hatten schmaler werdende Finger. Er hielt sich aufrecht und besaß einen sicheren, elastischen Gang. Die Photos aus seinen jungen Jahren zeigen ein rundes Gesicht mit wachen Augen. Der kleine Schnurrbart der Studentenzeit wuchs sich bald zu einem Vollbart aus, den er zeitlebens trug. Die zunächst weich wirkenden jugendlichen Züge formten sich immer klarer aus, und wir sehen ihn auf den Bildern aus seinen sechziger Jahren als einen sehr gut aussehenden Mann.

Die schwere und langjährige Krankheit seiner Kindheit und Jugend hat er physisch offenbar ganz überwunden. Daß er körperlich leistungsfähig und von zähem Einsatzwillen erfüllt war, beweisen seine großen Wüstenreisen oder seine Arbeit in Indien. Erinnern wir uns an die vielstündige Geländearbeit mit entzündeten Füßen auf den Riffen der Adamsbrücke (Kapitel 5.2). Ein zehnstündiger Fußmarsch bei einer Studentenexkursion in den Dolomiten, von dem er seiner Frau 1908 berichtete, mag damals für Geologen nichts Ungewöhnliches gewesen sein.

Phantasiebegabt, musikliebend und vielfach anregbar, war er eine durchaus künstlerische Natur und damit nicht eben der Prototyp eines Geologen. Das findet auch in den vielen eigenen Zeichnungen in seinen Büchern seinen Niederschlag, vor allem aber im literarischen Bereich – in Amerika kamen Passagen aus seinen Büchern sogar in die Lesebücher für den Deutschunterricht (Twenhofel 1938). Seine intuitive Art der Überschau hat in diesen Anlagen ihre Wurzel. Dazu paßt, daß er ein ausgesprochener Augenmensch war. „Geologie lehren heißt sehen lehren" hat er einmal gesagt, und der Bedeutung des Auges für die Erfassung eines Weltbildes und dem erzieherischen Gewicht einer Schulung zu richtigem Sehen hat er einen besonderen Artikel gewidmet (1919). In seinen Goethebetrachtungen zitierte er bezeichnenderweise: „Was ist das Schwerste von allem? Was Dich das Leichteste dünkt: Mit den Augen zu sehen, was vor Augen Dir liegt."

Mit der spürbaren Erzählfreude seiner Bücher verband sich die Gabe für treffende Formulierungen. Hans Cloos, der im Sommersemester 1906 noch in Jena bei ihm hörte, vermerkte in seinem Tagebuch:

...Der Vortragende führte aus, daß die Zusammensetzung des mitgeführten Gesteins eines Flusses gewissermaßen als der nur ihm eigene Namenszug zu bezeichnen sei (38).

So einleuchtend wie verblüffend ist die Charakterisierung der Thüringer Peneplainlandschaft: „Thüringen besteht aus Tälern."

Haeckel hat ihm Ungeduld bescheinigt und ungeduldig war er. Es mag bezeichnend für ihn sein, daß die Anrede auf Postkarten an seine Frau stets nur „L." war – zu mehr nahm er sich die Zeit nicht. So fanden denn auch die, die danach fahndeten, manchen Flüchtigkeitsfehler in seinen Arbeiten. Andererseits verhalf dies rasche Temperament ihm zu dem Feuer, von dem sich seine Leser erfassen ließen. Kaum von einer Reise heimgekehrt, begann er schon die nächste zu planen. Hätte ihn nicht seine Frau, die ungern reiste, mitunter zurückgehalten, wäre er noch viel mehr unterwegs gewesen.

Ein so lebhafter Mensch war natürlich gesellig. Dieses Talent wurde schon in Jena genutzt, wo er als „Vergnügungsrat" der Rosengesellschaft fungierte.

Da er aus einem harmonischen Elternhaus kam, an dem er sehr hing, freute er sich an einem guten Familienleben. Mit vielen Menschen, die er auf seinen Reisen getroffen hatte, hielt er Verbindung. Wo er sich aber enttäuscht fühlte, zog er sich mit Schroffheit zurück, so, als er mit seinem alten Naturwissenschaftlichen Verein Studierender in Jena brach, weil in diesem nach dem Krieg die Mensur eingeführt wurde.

Er hatte Sinn für Humor, besonders auch für Situationskomik. Duisberg sprach des öfteren von den Freundes heiterer Gemütsart, vor allem, wenn er ihn aufmuntern wollte. Denn deren Kehrseite war die tiefe Niedergeschlagenheit, in die er bei Schwierigkeiten verfallen konnte – zum Beispiel vor seiner Habilitation (Kapitel 4).

Seine historischen und literarischen Interessen waren ausgeprägt. Sein Leben lang hat er sich mit Goethes Werken beschäftigt und darüber auch publiziert (Kapitel 13). 1885 hatte er in Weimar die erste Ordnung von Goethes geologischen Nachlaß übernommen, und er war lebhafter Teilnehmer bei den Zusammenkünften der Goethe-Gesellschaft.

Seiner Generation war Fleiß eine Selbstverständlichkeit. Seine umfangreichen Bücher wurden bei allen Auflagen neu bearbeitet. Nach seinen Reisen folgten die Publikationen rasch aufeinander. Bedenkt man dazu seine über die akademischen Verpflichtungen hinausgehende öffentliche Lehrtätigkeit zum Beispiel in den Ferienkursen, kann man sagen, daß er sein Leben wirklich ausgeschöpft hat.

Die von Haeckel konstatierte Neigung zu dogmatischer Sicherheit tritt bei der hartnäckigen Verfechtung seiner Ansichten vor allem auch seiner Irrtümer, besonders zutage. Hier wirkte er durchaus rechthaberisch. In positiver Weise jedoch kam ihm die Hartnäckigkeit zustatten, als er in der aussichtslos erscheinenden Situation seiner Krankheit sein Ziel nicht aufgab.

Walther war ehrgeizig, in jungen Jahren so sehr, daß er sich selbst dafür tadelte: „Er [der Ehrgeiz] ist mein Dämon, ich bin sein Sklave" (Kapitel 5). Der lange Weg zur Anerkennung hat diesen Ehrgeiz sicher nicht gedämpft. Er blieb immer sehr empfindlich, wenn er Mangel daran spürte, denn von seinem Wert war er schon früh überzeugt.

Im Laufe seines Lebens hat er eine ganze Reihe akademischer Ehrungen erfahren, neben den beiden australischen Ehrendoktoraten besaß er den Ehrendoktorgrad der medizinischen Fakultät in Halle (1925). Früh schon war er, auf Vorschlag Karl von Fritschs, Mitglied der Akademie Leopoldina geworden (1892); 1896 bei der Société Impériale des Naturalistes de Moscou; im gleichen Jahr auch korrespondierendes, 1910 auswärtiges Mitglied der Geological Society of London; 1911 Mitglied der Akademie gemeinnütziger Wissenschaften zu Erfurt. Daneben besaß er mehrere Ehrenmitgliedschaften: Ungarische Geographische Gesellschaft, Budapest, 1992; Österreichische Geologische Gesellschaft, Wien 1923; Geological Society of America, 1926; Geological Society of China, 1927; Russische Akademie der Wissenschaften Leningrad, 1930; weiter bei den Freunden der Naturwissenschaften zu Moskau, 1927, und bei dem heimatlichen Naturwissenschaftlich-Medizinischen Verein in Jena. Bei der Sächsischen Akademie der Wissenschaften zu Leipzig war er korrespondierendes Mitglied. Schließlich, weit entfernt, gehörte er auch der Naturwissenschaftlichen Gesellschaft in Valparaiso an (1909). Daneben wird ihm die Verleihung des Roten Adlerordens vierter Klasse (1910) relativ wenig bedeutet haben. Das Übergewicht der ausländischen Ehrungen in dieser Liste ist eklatant! Es scheint, als ob Walther bei allen Erfolgen und trotz dieser Ehrungen nie ganz zufrieden war. Eine gewisse Unersättlichkeit im Drang nach Anerkennung wird gelegentlich spürbar. Sie mag auf seinem nie ganz beruhigten Ehrgeiz beruhen und auch damit zusammenhängen, daß er im Ausland früher gewürdigt wurde als in der Heimat, an der ihm doch so viel lag.

Wie die Mehrzahl der Professoren, die in die Zeit des Bismarckreiches hineingewachsen waren, war er bürgerlich-konservativ und dann deutschnational gesinnt. Das zeigt sich nicht nur im Briefwechsel mit dem gleichgesinnten Duisberg oder den Karten und Briefen an den ins Feld eingerückten Kollegen Vorländer (Kapitel 10), sondern auch in seiner Schrift über den Sinai-Krieg und im Vorwort seiner Bücher der Nachkriegszeit. Die damalige nationalistische Stimmung ist für uns heute kaum nachzuvollziehen. Doch Extremismus lag Walther fern. Er vertrat seinen Standpunkt aus dem Blickwinkel eines Menschen, der viel gesehen hatte und zu vergleichen wußte. Deshalb war er auch für sinnvolle Neuerungen im Universitätsleben stets aufgeschlossen und paßte nicht in das Klischee vom Geheimrat alter Schule.

Seine auf vielen Reisen gewonnenen Erfahrungen haben ihn zu der „weltmännischen" Persönlichkeit geformt, die seine Schüler schildern. Eine gewisse Eitelkeit war ihm darum nicht fremd. Darin bildete er aber in seinem Umkreis keine Ausnahme. Ihr kam die Verehrung entgegen, die die Umwelt den berühmten Geheimräten der deutschen Universitäten zu zollen gewohnt war.

Vielschichtigkeit tritt in dieser Zusammenfassung zutage. „Sein Wesen ist nicht leicht auf eine Formel zu bringen" hat Johannes Weigelt geschrieben. Der Zeit voraus, ein Kind der Zeit: An ihm, dem von Haeckel so stark Geprägten sind die Wurzeln aus dem 19. Jahrhundert, in dem er seine größten Leistungen erreichte, immer deutlich geblieben. So erscheint sein Leben in Licht- und Schattenseiten als ein Spiegel dieser Zeit, einer großen Ära des deutschen Universitätslebens, zu der er einen glänzenden Beitrag geleistet hat.

Literatur

Ein vollständiges Verzeichnis der Schriften Walthers findet sich im Nachruf Johannes Weigelts auf Walther in der Zeitschrift der Deutschen Geologischen Gesellschaft 1937.

Abel O (1926) Amerikafahrt. Fischer, Jena, 461 S
Beurlen K (1938) Die Bedeutung der organischen Entwicklung in der Erdgeschichte. Nova Acta Leopold 5, 31:369-391
Berg W (1991) Emil Abderhalden und die deutsche Akademie der Naturforscher Leopoldina nach 1932. Vortrags Mskr. Halle, 22 S
Boyd DW (1990) Presentation of the Penrose Medal to Norman D. Newell. Geol Soc Amer 103:571
Bülow K v (1962) Johannes Walther, der Begründer der Biogeologie. Ber Geol Ges DDR 6 H.4:374-382
Bülow K v (1970) Der XIX Präsident (1924-1931) Johannes Walther (1860-1937). Nova Acta Leopold 36, 198:249-256
Carlé W (1988) Werner-Beyrich-von Koenen-Stelle-Ein geistiger Stammbaum wegweisender Geologen. Geol Jahrb Reihe A 108:499 S
Credner H (1872) Elemente der Geologie. Engelmann, Leipzig, 790 S
Dames W (1894) N Jahrb Min Geol Paläont 37:452
Dehm R (1978) Zur Geschichte der Bayerischen Staatssammlung und des Universitätsinstitutes für Paläontologie und Historische Geologie. Mitt Freunde Bayer Staatsamml Paläont Hist Geol 6:13-46
Diener C (1907) Edmund von Mojsisovics. Beitr. Paläont Ges Österr - Ungarn 20:272-284
Duisberg C (1933) Meine Lebenserinnerungen. Rclam, Leipzig 207 S
Ehrenberg CG (1832) Über die Natur und Bildung der Koralleninseln im Rothen Meer. Abh kgl Akad Wiss Berlin:381-432
Fabian E, Guntau M, Laitko H, Lange B, (1981) Zu den deutsch-sowjetischen Beziehungen auf dem Gebiet der geologischen Wissenschaften in den Jahren 1917-1932. Z Geol Wiss 9 (7):735-741
Flechtner HJ (1959) Carl Duisberg. Econ, Düsseldorf, 413 S
Fraas O (1867) Aus dem Orient. Ebner & Seubert, Stuttgart, 222 S
Franke H (1976) Die Entwicklung der Mineralogie in Jena von 1782 bis 1930. Diss. Universität Jena, 232 S
Franke H (1987) Zum Einfluß von Ernst Haeckel auf den wissenschaftlichen Werdegang von Johannes Walther. Leopoldina (R.3) 33 (1989):223-235
Freyberg B (1977) Im Banne der Erdgeschichte. Selbstverl., Erlangen; 30 S

Friedmann GM (1987) The desert-Walther: Johannes Walther. Geol Soc am, 1987 Annu Meet abstr 19, 7, 1 p
Friedman GM (1989) Glimpses of pioneer sedimentologists. Johannes Walther and A.W. Grabau, 12 th Int Sedimentol Congr, Canberra, 1 p
Goldring W (1958) Memorial to Rudolf Ruedemann. Proc Geol Soc Am 1957, pp 153-161
Goldschmidt RB (1959 Erlebnisse und Begegnungen. Parey, Hamburg, 165 S
Grabau AW (1913) Principles of stratigraphy. Dover, New York, 185 pp
Gressly A (1838) Observations géologiques sur le Jura solenrois. Nouv Mém Soc Helv Sci Nat Neuchâtel 2:349 S
Grumbt E (1975) Johannes Walther - ein Begründer der modernen Sedimentforschung. Z Geol Wiss 3, 10:1255-1263
Haeckel E (1862) die Radioloarien, 1. Bd. Reimer, Berlin, 572 S
Haeckel E (1866) Generelle Morphologie. Reimer, Berlin, 2 Bde
Haeckel E (1868) Natürliche Schöpfungsgeschichte, Reimer, Berlin, 688 S
Haeckel E (1872) Die Kalkschwämme (Calcispongae), 2 Bde. Reimer, Berlin
Haeckel E (1903) Indische Reisebriefe, 4. Aufl. Gebrüder Paetel, Berlin
Haeckel E (1984) Biographie in Briefen. Zsgest. u. erl. v G Uschmann. Prisma, Gütersloh, 327 S
Haug E (1907, 1908-1911) Traité de Géologie, 4 Bde. Colin, Paris
Hauptmann G (1942) Das Abenteuer meiner Jugend. In: Das Gesammelte Werk, Bd. 14. Fischer, Berlin
Heuss T (1948) Anton Dohrn, 2. Aufl. Wunderlich, Stuttgart, 448 S
Hölder H (1960) Geologie und Paläontologie in Texten und ihrer Geschichte. K. Alber, Freiburg, 565 S
Hölder H (1989) Kurze Geschichte der Geologie und Paläontologie. Springer, Berlin Heidelberg New York, 244 S
Hohorst G, Kocka J, Ritter GA (1978) Sozialgeschichtliches Arbeitsbuch, Bd. II. Materialien zur Statistik des Kaiserreichs 1870-1914, 2. Aufl. Beck, München
Käubler R (1979) Das Umland von Halle und das geowissenschaftliche Wirken hallescher Leopoldina-Mitglieder. Acta Hist Leopold (Suppl) 2:25-45
Kaiser A (1889) Reisen durch die Sinai-Halbinsel und nach dem nördlichen Arabien. Berichte der St. Gallischen Naturwissenschaftlichen Gesellschaft über die Thätigkeit während des Vereinsjahres 1887-1888:96-159
Karlik B, Schmid E (1982) Franz Serafin Exner und sein Kreis. Verl Österr Akad Wiss, Wien
Kettner R (1960) Johannes Walther. Cas Miner Geol 5, 4:486-488
Koken E v (1895) Besprechung von Johannes Walther: Einführung in die Geologie als historische Wissenschaft. Neues Jahrb Geol Paläont 2:32-46
Krausse Erika (1984) Ernst Haeckel. Teubner, Leipzig, 148 S
Krümmel O (1893) Petermanns Geogr Mitt 39:133
Lange P (1990) Die wirtschaftliche Situation in der Stadt Jena zur Wirkungszeit von Carl Zeiß (1845-1888) Vortrag-Mskr z. 100 Todestag v. Carl Zeiss am 2.12.1988
Löwenberg D (1978) Willibald Hentschel (1858-1947)- seine Pläne zur Menschenzüchtung, sein Biologismus und Antisemitismus. Med Diss Universität Mainz
Mägdefrau K (1953) Paläobiologie der Pflanzen. 3. Aufl. Fischer, Jena
Martin H (1970) Wenn es Krieg gibt, gehen wir in die Wüste. Verl SWA Wissenschaftl Ges Windhoek 246 S

Middleton GV (1973) Johannes Walther's Law of the Correlation of Facies. Bull Geol Sox Am 84:979-988

Naumann E (1893) Vom Goldenen Horn zu den Quellen des Euphrat. Odenbourg, München, 494 S

Nelson CM (1985) Facies in stratigraphy: from „terrains" to „terranes". J Geol Educ 33, 3:175-187

Nelson CM (1989) The IGC's in Washington. The Cross Section 20, 5:16-18

Newell ND, Rigby J, Keith J (1953) The Permian Reef Complex of the Goudalupe Mountains Regions, Texas and New Mexico. Freeman, San Francisco, 236 pp

Pätz H (1968) Buchbesprechung B.P. Vyssotzky: Johannes Walther und seine Bedeutung für die Entwicklung der Geologie. Ber Dtsh Ges Geol Wiss, A Geol Paläont 13, 1:147-149

Pfannenstiel M (1970) Das Meer in der Geschichte der Geologie. Geol Rdsch 60, 1:3-72

Quenstedt W (1929) Neue und alte Richtungen in der Paläontologie. Forsch Fortschr 5, 28:322-323

Richthofen F v (1886) Führer für Forschungsreisende. Jänicke, Hannover, 734 S

Sarjeant Was (1980) Geologists and the history of geology – an international bibliography from the origins to 1975, 5 vols. Macmillan, London

Schaffer FX (1924) Lehrbuch der Geologie – II Teil. Grundzüge der historischen Geologie. F. Deuticke, Leipzig, 628 S

Schaffer FX (1939) Johannes Walther. Mitt Geol Ges Wien 30/31:199-201

Schweizer W (1930) Alfred Kaiser von Arbon+. Mitt Thurg Natforsch Ges H XXXVIII

Seibold I (1987) Anfänge der deutschen Meeresgeologie. Z Dtsch Geol Ges 138:1-12

Sokratov GI (1948) Histoire de la loi dite de Walther. Bureau Res Geol Min Service d'information géol Transl 144, 517-519

Steiner W (1957) Johannes Walther. Hall Monatsh IV 5:227-228

Teichert C (1958) Concepts of facies. Am Assoc Petrol Geol Bull 12:157-177

Teichert C (1976) From Karpinski to Schindewolf. Memories of some great paleontologists. J Paleontol 50:1-12

Twenhofel WH (1938) Memorial to Johannes Walther. Proc Geol Soc Am 1937, pp 221-230

Uhlig V (1900) Wilhelm Waagen. Centralbl Min Geol Paläont: 380-392

Uschmann G (1959) Geschichte der Zoologie und der Zoologischen Anstalten in Jena 1779-1919. Fischer, Jena, 249 S

Uschmann G (1979) 100 Jahre Leopoldina in Halle. Acta Hist Leopold Suppl 2:13-24

Uschmann G (1977) Kurze Geschichte der Akademie Acta Hist Leopold Suppl 1

Uschmann G, Wedekind K (1972) Über den Kaukasus nach Tiflis. In: Meshkia, Schota: Geschichte Georgiens. Jenaer Reden Schriften: 75-95

Valeton I (1987) Bauxit- und Kaolinlagerstätten in Australien. Geowiss Uns Zeit 5:149-155

Valjavec F (1961) Das kulturelle und geistige Leben. In: Historia Mundi Bd X. Das 19. und 20. Jahrhundert. Francke, Bern, S 473-513

Voigt E (1962) Johannes Weigelt als Paläontologe. Mitt Geol Staatsinst Hamburg 31:27-50

Vyssotzky BP (1965) Johannes Walther and his role in the progress of Geology. Nauka, Moskau, 176 S (In Russian with English titles)

Wagner G (1913) Beiträge zur Stratigraphie und Bildungsgeschichte des oberen Hauptmuschelkalks und der unteren Lettenkohle in Franken. Fischer, Jena, 180 S

Walther J (1883) Die Entwicklung der Deckknochen am Kopfskelett des Hechts (Esox lucius). Jenaische Z Naturwiss XVI N F IX:59-87

Walther J (1885) Die gesteinsbildenden Kalkalgen des Golfs von Neapel und die Entstehung strukturloser Kalke. Z Dtsch Geol Ges 37 (2):329-357

Walther J (1886 a) I volcani sottomarini de Golfo di Napoli (mit A. Colombo). Boll R Comit Geol Roma 9

Walther J (1886 b) Die Function der Aptychen. Z Dtsch Geol Ges 38:241-242

Walther J (1886 c) Untersuchungen über den Bau der Crinoiden mit besonderer Berücksichtigung der Formen aus dem Solnhofener Schiefer und dem Kelheimer Diceraskalk. Palaeontographica XXXII:155-200

Walther J (1886 d) Über den Bau der Flexuren an den Grenzen der Kontinente. Jenaische Z Naturwiss XX N F XIII:1-36

Walther J (1887) Die Entstehung von Kantengeröllen in der Galalawüste. Ber Verh d kgl Sächs Ges Wiss Leipzig Math Phys Cl 39:133-136

Walther J (1888 a) Die Korallenriffe der Sinai-Halbinsel _ Geologische und biologische Beobachtungen. Abh Math Phys Cl kgl Sächs Ges Wiss zu Leipzig 14:435-506

Walther J (1888 b) Über Ergebnisse einer Forschungsreise auf der Sinai-Halbinsel und in der arabischen Wüste. Verh Ges Erdkde Berl XV:244-255

Walther J (1888 c) Die geographische Verbreitung der Forminiferen auf der Secca di Benda Palumma im Golfe von Neapel. Mitt Zool Stn Neapel 8:377-384

Walther J (1889 a) Über die Geologie von Capri. Z Dtsch Geol Ges 41:771-776

Walther (1889 b) Bericht über die Resultate einer Reise nach Ostindien im Winter 1888/9. Verh Ges Erdkde Berl 7:2-11

Walther J (1890) Über eine Kohlenkalkfauna in der arabischen Wüste z Dtsch Geol Ges 42:419-449

Walther J (1891 a) Die Adamsbrücke und die Sedimente der Palkstraße _ Sedimentstudien im tropischen Litoralgebiet. Petermanns Geogr Mitt Ergänzungsh 102:40 S

Walther (1891 b) Die Denudation in der Wüste. Abh Math Phys Cl. kgl. Sächs Ges Wiss Leipzig 16:345-570

Walther J (1893) Allgemeine Meereskunde. Weber, Leipzig, 296 S

Walther J (1893/94) Einleitung in die Geologie als historische Wissenschaft, 3 Bde. Fischer, Jena

Walther J (1895) Über die Auslese in der Erdgeschichte. Fischer, Jena, 36 S

Walther J (1897) Über die Lebensweise fossiler Meeresthiere. Z Dtsch Geol Ges 49:209-273

Walther J (1898 a) Über den Transport von Ammonitenschalen (Entgegnung) Z Dtsch Geol Ges 50:595

Walther J (1898 b) Das Oxusproblem in historischer und geologischer Bedeutung. Petermanns Geogr Mitt: 204-214

Walther J (1900) Das Gesetz der Wüstenbildung in Gegenwart und Vorzeit, 1. Aufl. Reimer, Berlin, 175 S

Walther J (1902) Geologische Heimatkunde von Thüringen. Fischer, Jena, 253 S

Walther J (1904 a) Die Fauna der Solnhofener Plattenkalke Festschr. 70. Geburtstag v. Ernst Haeckel, Fischer, Jena, 133-214

Walther J (1904 b) Über die Fauna eines Binnensees in der Buntsandsteinwüste. Centralbl Min Geol Paläont: 5-12

Walther J (1904 c) Über Entstehung und Besiedelung der Tiefseebecken. Naturwiss Wochenschr: 721-726

Walther J (1905 a) Mineralogie und Geologie in Forschung, Lehre und Unterricht. Natur Schule IV:545-553

Walther J (1905 b) Vorschule der Geologie. Fischer, Jena, 293 S

Walther J (1905 c) Aus der Geschichte der Naturwissenschaftlichen Gesellschaften zu Jena. Jenaische Z Naturwiss 39:727-732

Walther J (1907) Das mineralogische Institut. Chronik Univ Halle: 83-87

Walther J (1908) Geschichte der Erde und des Lebens. Veit & Co, Berlin, 570 S

Walther J (1910 a) Lehrbuch der Geologie Deutschlands. Quelle & Meyer, Leipzig, 429 S

Walther J (1910 b) Die Sedimente der Taubenbank im Golfe von Neapel. Abh kgl Preiß Akad Wiss Phys Math Cl3:1-49

Walther J (1911) Das unterirdische Wasser und die Wünschelrute. Gernrode

Walther J (1914 a) Führer durch die Schausammlungen des königlichen geologischen Institutes zu Halle. Nietschmann Halle, 116 S

Walther J (1914 b) Ernst Haeckel als Reisender. In: Was wir Ernst Haeckel verdanken, Festschr 80. Geburtstag Ernst Haeckel Hrsg. H Schmidt, Leipzig, 180-181

Walther J (1915) Laterit in Westaustralien. Z Dtsch Geol Ges 67:113-132

Walther J (1916) Zum Kampf in der Wüste am Sinai und Nil. Beobachtungen und Erlebnisse. Quelle & Meyer, Leipzig, 66 S

Walther J (1918) Geologie der Heimat. Quelle & Meyer, Leipzig, 222 S

Walther J (1919) Die Bedeutung des Auges für die Gestaltung unseres Weltbildes. Monatsh 12:20-25

Walther J (1922 a) Eberhard Fraas. Verh Ges Dtsch Naturforsch Ärzte 1:334-336

Walther J (1922 b) Fortschritt und Rückschritt im Laufe der Erdgeschichte. Verh Dtsch Naturforsch Ärzte 1:143-165

Walther J (1924) Das Gesetz der Wüstenbildung in Gegenwart und Vorzeit, 4. Aufl. Quelle & Meyer, Leipzig, 421 S

Walther J (1926 a) Die Aufgaben der Akademie in Vergangenheit und Gegenwart. Leopoldina 1, 1-20

Walther J (1926 b) Geologie _ Die Methoden der Geologie als historischer und biologischer Wissenschaft. In: Abderhalden E (Hrsg.) Handbücher der biologischen Arbeitsmethoden Lieferg. 185 Abt X, Urban & Schwarzenberg, Berlin, 529-658

Walther J (1926 c) Die Urheimat des nordischen Menschen. Hallesche Universitätsreden 28:3-24

Walther J (1927 a) Allgemeine Paläontologie. Borntraeger, Berlin, 809 S

Walther J (1927 b) Bau und Bildung der Erde. 2. Aufl. Quelle & Meyer, Leipzig, 436 S

Walther J (1930) Goethe als Seher und Erforscher der Natur. Nova Acta Leopold: 559-599

Walther J (1932) Die Natur in Goethes Weltbild. Akad Verl Ges, Leipzig, 104 S

Walther J (1933) Das Rätsel der Wünschelrute. Reclam, Leipzig, 61 S

Walther J (1935) Einführung in die deutsche Bodenkunde. J Springer, Berlin, 172 S

Walther J (1936) Mediterranis. Petermanns Geogr Mitt Ergänzungsh 225:8-59

Walther J (1937) Aus der Gründungszeit des Naturwissenschaftlichen Vereins. Jahresber Akad Wiss Vereins Jena: 62-68

Walther J (1953) Im Banne Ernst Haeckels. Posthum. Heberer G (Hrsg) Musterschmidt, Göttingen, 152 S

Walther J, Schirlitz P (1886) Studien zur Geologie des Golfes von Neapel. Z Dtsch Geol Ges 38:295-341

Weigelt J (1927) Rezente Wirbeltierleichen und ihre paläobiologische Bedeutung. Max Weg, Leipzig, 227 S

Weigelt J (1930 a) Johannes Walther und die Kaiserlich-Carolingisch Deutsche Akademie der Naturforscher zu Halle. Leopold 6 Reihe 2:12-14

Weigelt J (1930 b) Der Lebensgang von Johannes Walther. Leopold 6 Reihe 2:3-11

Weigelt J (1937) Johannes Walther +. Z Dtsch Geol Ges 89: 647-656

Weigelt J (1938 a) Zum Tode von Johannes Walther. Geol Meere Binnengw. 2:323-333

Weigelt J (1938 b) Dem Andenken an Johannes Walther. Jahrb Hallesch Verb 16:7-12

Wilckens O (1930) Gustav Steinmann. Sein Leben und Wirken. Geol Rdsch XXI:389-403

Yanshin AL, Yanshina FT (1988) The scientific heritage of Wladimir Vernadsky. Impact of science on society: 283-296

Zittel K (1899) Geschichte der Geologie und Paläontologie bis Ende des 19. Jahrhunderts. Oldenbourg, München, Leipzig, 868 S

Biographische Daten

1860	geboren am 20. Juli in Neustadt an der Orla
1880–1882	Studium der Biologie in Jena
1882–1885	Promotion, anschließend Geologiestudium in Leipzig und München
1883/1884	mehrmonatiger Studienaufenthalt an der Zoologischen Station Neapel, Tunis- und ausgedehnte Italienreise
1884	Alpenkartierung mit E. v. Mojsisovics
1885	zweiter Studienaufenthalt in Neapel
1886	10. Februar, Habilitation in Jena
1887	Ägypten-Sinai-Reise
1888/1889	Indien-Ceylon-Reise
1890	Titularprofessor in Jena
1891	Reise nach USA
1894	Ernennung zum „Haeckel-Professor" in Jena
1897	Reise zum Kaukasus und nach Zentralasien
1899	Heirat mit Janna Hentschel
1906	Berufung auf den Lehrstuhl in Halle
1910	dritter Neapelaufenthalt
1911	zweite Ägyptenreise
1914	Australienreise
1924–1931	Präsident der Deutschen Akademie der Naturforscher Leopoldina
1928	Emeritierung
1937	verstorben am 4. Mai in Hofgastein

Personenregister

Alle genannten Geologen bzw. Paläontologen betrieben auch den anderen Zweig des Faches. Sie werden hier nach dem Schwergewicht ihrer Arbeiten bezeichnet. Die mit * versehenen Namen sind in Abb. 32 erfaßt.

Abderhalden, Emil, 1877-1950, o. Prof. für Physiologie in Halle, 20. Präsident der Deutschen Akademie der Naturforscher Leopoldina

Abel, Othenio, 1875-1946, österreichischer Paläontologe, Verfechter der Paläobiologie; o. Prof. Wien, Göttingen

Althoff, Friedrich, 1839-1908, Ministerialdirektor im Preussischen Kultusministerium

Andrussow, Nicolaj I., 1861-1924, russischer Stratigraph und Paläontologe, Pionier der Geologie des Schwarzen Meeres

Armstrong, Henry Edward, 1848-1937, englischer Chemiker

Baltzer, Richard Arnim, 1842-1913 Petrologe und Strukturgeologe; Prof. Bern

Barnes, Ben, 1903-1969, Geologe; zuletzt Prof. an Bergschule von Ouro Preto, Brasilien

Bateson, William, 1861-1926, englischer Genetiker; Prof. Cambridge

Beckenkamp, Jacob*, 18855-1931, Mineraloge; o. Prof. Würzburg

Benecke, Ernst Wilhelm, 1838-1917, o. Prof. Straßburg, auch Direktor der Geologischen Landesuntersuchung von Elsaß-Lothringen

Bergeat, Alfred*, 1866-1924, Mineraloge; o. Prof. Königsberg, Kiel

Beyrich, Heinrich Ernst, 1815-1896, Paläontologe; o. Prof. Berlin

Blankenhorn, Max, 1861-1947, Geologe, Mitarbeiter der Preussischen Geologischen Landesanstalt, arbeitete in Ägypten und dem vorderen Orient

Böhm, Georg, 1854-1913, Paläontologe; ao. Prof. Freiburg

Boeke, Hendrik, 1881-1918 holländischer Chemiker und Mineraloge; ao. Prof. Halle, o. Prof. Frankfurt

Böttinger, Henry Theodor v., 1848-1920, 1883 Firmeneintritt Bayer-Werk, ab 1907 Vorsitzender des Aufsichtsrates

Branca, Franz v. 1844-1928, Paläontologe, o. Prof. Königsberg, Tübingen, Hohenheim, Berlin

Brauns, Reinhard*, 1861-1937, Mineraloge; o. Prof. Gießen, Kiel, Bonn

Broili, Ferdinand, 1874-1946, Paläontologe; o. Prof. München

Buch, Leopold, 1774-1853, Privatgelehrter, einer der Begründer der Geologie

Bücking, Hugo*, 1851-1932, Mineraloge (und Geologe); o. Prof. Kiel, Straßburg

Chun, Carl, 1852-1914 Zoologe, Leiter der „Valdivia-Expedition" 1898/99; o. Prof. Königsberg, Breslau, Leipzig

Cloos, Hans, 1885-1951, Geologe; o. Prof. Breslau, Bonn
Credner, Hermann, 1841-1913, Geologe; o. Prof. Leipzig, auch Direktor der kgl. Sächs. Landesuntersuchung
Dames, Wilhelm, 1843-1898, Paläontologe; o. Prof. Berlin
Dannenberg, Arthur*, 1865-1946, Geologe; o. Prof. Aachen
Deecke, Wilhelm*, 1862-1934, Geologe; o. Prof. Freiburg, seit 1907 auch Leiter des Bad. Geol. Landesamtes
Detmer, Alexander, 1850-1930, Botaniker, ao. Prof. Wien
Diener, Carl*, 1862-1928, o. Prof. Wien
Dohrn, Anton, 1840-1909, Zoologe, Gründer der Zoologischen Station Neapel
Duisberg, Carl, 1861-1935, Chemiker und Industrieller (Bayer-Werk)
Ebbinghaus, Hermann, 1850-1909, Philosoph; o. Prof. Breslau, Halle
Ehrenberg, Christian Gottfried, 1795-1876, Zoologe, Pionier der Mikropaläontologie, Berlin
Emmons, William Harvey, 1876-1948, amerikanischer Geologe, Univ. Chicago und Minnesota
Eucken, Rudolf, 1846-1926, Philosoph; o. Prof. Jena, Nobelpreis 1908
Exner, Franz Seraphin, 1849-1926, Physiker; o. Prof. Wien f. Phys. Chemie, 1910 Direktor Inst. f. Radiumforschg.
Forbes, Edward, 1815-1854, englischer Botaniker und Geologe; Prof. Edingburgh
Fraas, Oscar, 1824-1897, Paläontologe, zuletzt Direktor Naturalienkabinett Stuttgart
Fraas, Eberhard, 1862-1915, Paläontologe, Nachfolger seines Vaters O. Fraas als Leiter der geologisch-paläontologischen Abteilung des Naturalienkabinetts.
Frech, Fritz*, 1861-1917, Paläontologe; o. Prof. Breslau
Freyberg, Bruno v., 1894-1989, Geologe; o. Prof. Erlangen
Fritsch, Karl v. 1838-1906, Geologe u. Mineraloge; o. Prof. Halle 16. Präsident der Akademie der Naturforscher Leopoldina
Fürbringer, Max, 1846-1920, Anatom; o. Prof. Jena, Heidelberg
Futterer, Karl*, 1866-1906, Mineraloge und Geologe; o. Prof. Karlsruhe
Geinitz, Eugen*, 1854-1925, Geologe; o. Prof. Rostock
Gilbert, Grove K., 1843-1919, amerikanischer Geologe, Pionierarbeiten mit dem Geol. Survey im Westen der USA
Goldschmidt, Richard B. 1878-1958, deutsch-amerikanischer Genetiker, emigrierte 1936; Prof. Berkeley
Goldschmidt, Victor Moritz, 1888-1947, Mineraloge, Begründer der modernen Geochemie; o. Prof. Göttingen, emigriert, Oslo
Goltz, Theodor, Alexander Ludwig, Frhr. v. d., 1836-1905; o. Prof. für Landwirtschaftswissenschaft Jena, Bonn
Gottsche, Karl*, 1855-1909, Paläontologe; 1883 Prof. an der Tokio-Univ., 1908 o. Prof. Hamburg
Grabau, Amadeus, 1870-1945, amerikanischer Geologe; Prof. Columbia, später Peking
Gradmann, Robert, 1865-1950, Geograph; o. Prof. Erlangen
Gressly, Amanz, 1814-1865, schweizerischer Erforscher des Jura, Begründer der Faziesregel
Groth, Paul Heinrich v., 1843-1927, Mineraloge; o. Prof. Straßburg, München
Gümbel, Carl Wilhelm v., 1823-1898, Geologe, Vorstand d. Bureaus f. geognostische Landesaufnahme Bayerns, Honorarprof. München
Gürich, Georg*, 1859-1938, Paläontologe; o. Prof. Hamburg

Gutzmer, August, 1860-1924, Mathematiker; o. Prof. Jena, Halle, 18. Präsident der Akademie der Naturforscher Leopoldina
Haeckel, Ernst, 1834-1919, Zoologe; o. Prof. Jena, Vorkämpfer von Darwins Ideen, Begründer des Monismus
Hauptmann, Carl, 1858-1921, schlesischer Dichter, Bruder von Gerhart Hauptmann
Hauptmann, Gerhart, 1862-1921, schlesischer Dichter, führend in der Richtung des Realismus
Hedin, Sven, 1865-1952, schwedischer Forschungsreisender in Asien
Heim, Albert, 1949-1937, Schweizer Geologe; o. Prof. Zürich
Heim, Arnold, 1882-1965, Schweizer Geologe, Sohn des vorgen.
Hentschel, Willibald, 1858-1947, Haeckel-Schüler, arbeitete später als Chemiker, freier Schriftsteller über Rassenfragen und völkische Erneuerung durch Zuchtwahl und ländliches Leben
Heritsch, Franz, 1882-1945, Geologe; o. Prof. Graz
Hertwig, Oscar, 1949-1922, Zoologe und Anatom; o. Prof. Berlin
Hertwig, Richard, 1850-1937, Zoologe; o. Prof. Königsberg, München, Bruder von Oscar Hertwig
Hettner, Alfred, 1859-1941, Geograph; o. Prof. Heidelberg
Hoff, Karl Ernst v., 1771-1837, Jurist und Geologe, Beamter am herzogl. Hof Gotha
Holzapfel, Eduard*, 1853-1913, Geologe; o. Prof. Aachen, Straßburg
Jaekel, Otto*, 1863-1929, Paläontologe; o. Prof. Greifswald
Kaiser, Alfred, 1862-1930, Schweizer Forschungsreisender, Naturalist am Museum Kairo
Kaiser, Erich, 1871-1943, Geologe; o. Prof. Gießen, München
Kalkowski, Ernst*, 1851-1937, Mineraloge; o. Prof. Dresden
Karpinski, Alexander P., 1847-1936, russischer Geologe, Präsident der russ. Akademie der Wissenschaften
Kayser, Emanuel, 1845-1927, Geologe; o. Prof. Marburg
Knorr, Ludwig, 1859-1921, Chemiker; o. Prof. Jena
Koenen, Adolf v., 1837-1915, Geologe; o. Prof. Marburg, Göttingen
Koken, Ernst v.*, 1860-1912, Paläontologe; o. Prof. Königsberg, Tübingen
Kolesch, Karl, 1860-1921, Oberlehrer Jena, paläontologische Arbeiten
Kossmat, Franz, 1871-1938, österr. Geologe; o. Prof. Graz, Leipzig
Krümmel, Otto, 1854-1912, Geograph und Ozeanograph; o. Prof. Kiel, Marburg
Kükenthal, Willy, 1861-1922, Zoologe; o. Prof. Breslau
Lehmann, Johannes Georg*, 1851-1925, Mineraloge; o. Prof. Kiel
Lenk, Hans*, 1863-1938, Mineraloge; o. Prof. Erlangen
Liebisch, Theodor*, 1852-1922, Mineraloge; o. Prof. Greifswald, Berlin
Liebmann, Otto, 1840-1912, Philosoph; o. Prof. Straßburg, Jena
Linck, Gottlob Eduard*, 1858-1947, Mineraloge; o. Prof. Jena
Luedecke, Otto, 1851-1910, Mineraloge; ao. Prof. Halle
Luschan, Felix v., 1854-1924, österr. Ethnograph und Anthropologe; o. Prof. Berlin
Merzbacher, Gottfried, 1846-1926, Geograph; o. Prof. München, Asienforscher
Mojsisovics, Edmund v., 1839-1907, Geologe, Vizedirektor der k.k. Geol. Reichsanstalt Wien
Mügge, Otto*, 1858-1932, Mineraloge; o. Prof. Königsberg, Göttingen
Murray, John, Sir 1841-1914, Ozeanograph, Teilnehmer der „Challenger-"Expedition. (1872-76), Herausgeber der „Challenger-"Monographien

Naumann, Edmund, 1854-1927, Geologe, 1875-80 Prof. Tokio, Leiter der japan. topogr. Landesaufnahme, später in Frankfurt
Nernst, Hermann, 1864-1941, Physiker; o. Prof. Berlin, Nobelpreis 1920
Oebbecke, Konrad*, 1853-1932, Mineraloge; o. Prof. Erlangen, München
Oppel, Albert, 1831-1865, Paläontologe; o. Prof. München
Passarge, Siegried, 1866-1958, Geograph; o. Prof. Hamburg
Pavlow, Alexis P., 1854-1929, russischer Geologe; Prof. Moskau
Pechuel-Loesche, Eduard, 1840-1913, Geograph; o. Prof. Erlangen
Penck, Albrecht, 1858-1945, Geograph; o. Prof. Wien, Berlin
Philippi, Emil, 1871-1910, Geologe; ao. Prof. Jena, Nachfolger Walthers
Pompeckj, Josef*, 1867-1930, Geologe; o. Prof. Hohenheim, Königsberg, Tübingen, Berlin
Powell, John W., 1834-1902, amerikanischer Geologe und Ethnologe, Erforscher der Rocky Mountains (Grand Canyon)
Quenstedt, Friedrich August, 1809-1889, Geologe; o. Prof. Tübingen „Praeceptor Sueviae"
Ratzel, Friedrich, 1844-1906, Geograph; o. Prof. München, Leipzig
Rein, Wilhelm, 1847-1929, Pädagoge; o. Prof. Jena
Richthofen, Ferdinand v., 1833-1905 Geograph und Forschungsreisender; o. Prof. Bonn, Leipzig, Berlin
Rinne, Friedrich*, 1863-1933, Mineraloge; o. Prof. Königsberg, Kiel Leipzig
Roemer, Karl Ferdinand v., 1818-1891, Paläontologe; o. Prof. Breslau
Rohlfs, Gerhard, 1831-1896, Forschungsreisender, Nordafrika
Rosenbusch, Harry, 1836-1914, Mineraloge; o. Prof. Heidelberg
Rothpletz, August*, 1853-1918, Geologe; o. Prof. München
Ruedeman, Rudolf, 1864-1956, Paläontologe, emigriert nach USA, New York State Museum
Rutherford, Ernest, Baron, 1871-1937, Physiker; Prof. Montreal und Cambridge (Kernphysik)
Salomon-Calvi, Wilhelm*, 1868-1941, Geologe; o. Prof. Heidelberg
Schaffer, Franz X., 1876-1954, Geologe, Direktor Geol. Abt. Naturhist. Museum Wien
Schemann, Karl Ludwig, 1852-1938, Privatgelehrter Freiburg, Rassentheoretiker
Schlosser, Max, 1854-1932, Paläontologe, Konservator Bayer. Staatssammlung München
Schmid, Ernst Erhard, 1815-1885; o. Prof. Naturgeschichte, Jena
Schmitt-Ott, Friedrich, 1860-1956, 1917/18 preußischer Kultusminister, Gründer der Notgemeinschaft für die dt. Wissenschaft
Schuchert, Charles, 1858-1942, amerikanischer Geologe; Prof. Yale Univ.
Schweinfurth, Georg, 1836-1925, Botaniker, Privatgelehrter, Forschungsreisender (Afrika)
Scupin, Hans, 1869-1937, Geologe; Hon. Prof. Halle, o. Prof. Dorpat
Semon, Richard, 1859-1918, Zoologe; Prof. Anatomie Jena, später Privatgelehrter München
Steinmann, Gustav*, 1856-1929, Geologe; o. Prof. Freiburg, Bonn
Stille, Hans, 1876-1966, Geologe; o. Prof. Leipzig, Göttingen, Berlin
Stolley, Ernst*, 1869-1944, Paläontologe; o. Prof. Braunschweig
Strasburger, Eduard, 1844-1912, Botaniker; o. Prof. Jena, Bonn

Suess, Eduard, 1831-1914, Geologe; o. Prof. Wien, Präsident der österr. Akad. d. Wissenschaften
Sun, Yen Chu, 1897-1979, Paläontologe; Prof. Peking
Thoulet, Julien 1843-1936, französischer Geograph und Ozeanograph; Prof. Nancy
Tietze, Emil, 1845-1931, österr. Geologe, Direktor der k.k. Reichsanstalt Wien
Tornquist, Alexander*, 1868-1944, Geologe; o. Prof. Königsberg, Graz
Twenhofel, William H., 1875-1957, amerikanischer Geologe; Prof. Univ. Kansas und Wisconsin
Uhlig, Victor*, 1857-1911, Paläontologe; o. Prof. Wien
Volhard, Jacob, 1834-1910, Chemiker; o. Prof. Halle
Vorländer, Daniel, 1867-1941, Chemiker; o. Prof. Halle
Waagen, Wilhelm, 1841-1900, Paläontologe; o. Prof. Prag, Wien
Wagner, Georg, 1885-1972, Geologe; ao. Prof. Tübingen
Wagner, Hermann, 1840-1929, Geograph; o. Prof. Königsberg, Göttingen
Weigelt, Johannes, 1890-1948, Paläontologe; o. Prof. Halle
Weismann, August, 1834-1914, Zoologe; o. Prof. Freiburg
Williams, Henry Shaler, 1847-1918, amerikanischer Geologe; Prof. Cornell, Yale Univ.
Willstätter, Richard, 1872-1942, Chemiker, Nobelpreis 1915; o. Prof. München, Zürich
Wolff, Ferdinand v., 1874-1952, Mineraloge; o. Prof. Halle
Wülfing, Ernst*, 1860-1930, Mineraloge; o. Prof. Hohenheim, Danzig, Kiel, Heidelberg
Wüst, Ewald, 1875-1934, Paläontologe; o. Prof. Kiel
Ziehen, Georg, 1862-1950, Psychiater und Philosoph; o. Prof. Halle
Zirkel, Ferdinand, 1838-1912, Mineraloge; o. Prof. Kiel, Leipzig
Zittel, Karl v., 1839-1904, Paläontologe; o. Prof. München

Verzeichnis der Archive

1 Univ. Bibl. Freiburg, Geol. Arch., Nachlaß Eugen Wegmann
2 Univ. Arch. Jena, M 644
3 Ernst-Haeckel-Archiv Jena, Best. A, Abt. 1
4 Dohrn-Archiv Neapel, ASZN A. 1885 W. (14. Feburar 1885)
5 Dohrn-Archiv Neapel, ASZN A. 1906 W.
6 Bayer-Archiv Leverkusen, ASD 2710 (Autographensammlung)
7 Ernst-Haeckel-Archiv Jena, Best. A, Abt. 1
8 wie 7 (19. Februar 1885)
9 wie 7 (24. Februar 1885)
10 wie 7 (18. Februar 1885)
11 wie 7, Brief G. Steinmanns an Haeckel
12 Univ. Bibl. Freiburg, Nachlaß Konrad Guenther (Brief 13. Dezember 1909)
13 Stadtarchiv Weimar, Weimar. Zeitung 3. Februar 1889
14 wie 3 (21. Januar 1889)
15 ETH-Bibl. Zürich, Hs 495-2265
16 Senckenbg. Bibl. Frankfurt/M. Ms. Ff. H. v. Nathusius-Neinstedt, Nr. 645-656 (in Stadt- und Universitätsbibliothek Frankfurt/M)
17 Univ. Arch. Jena, Rechnungsmanuale, Best. G, Abt. 1, No 348,342
18 Univ. Arch. Jena, Acten Großherzogl. u. Herzogl. Sächs. Univ. Curatel zu Jena, Best. C, No 24,25
19 Staats- u. Univ. bibl. Göttingen, Cod. Ms. H. Wagner 48: J. Walther
20 Senckenbg. Bibl. Frankfurt/M., Nachlaß Max Fürbringer, A. 1 (in: Stadt- und Universitätsbibliothek Frankfurt/M)
21 Univ. Arch. Freiburg, Personalakte Weisman
22 Univ. Arch. Halle, Akte Abt. II, Abschn. D, No. 15, Bd. 1, P.A. 5606
23 Staatsbibl. Preuß. Kulturbesitz, Slg. Darmstaedter LA 1897 (16) Walther
24 Zentr. Staatsarch. Merseburg, Kultusministerium, Rep. 76, Va Sekt. 8, Tit. IV, Nr. 34, Bd. 23
25 Univ. Arch. Halle, Matrikel 1906/07, 1909, 1909/10
26 Univ. Arch. Freiburg, Matrikel 1907
27 Univ. Arch. Halle, Vorlesungsverzeichnis SS 1909
28 Univ. Arch. Halle, Abt. II, Abschn. D, Nr. 27 W, Personalakte P.A. 16629, Reisebericht an den Minister v. 22.1. 1915
29 Staatsbibl. Preuß. Kulturbesitz, Zugangs-Nr. 1916. 65. Brief an Prof. P. Schwahn (10. Februar 1915)

30 Bayer. Staatsbibl. München, Merzbacheriana II (Walther, J.)
31 wie 28, Reisebericht an den Minister v. 24.2.1927
32 Archiv der Geolog. Bundesanstalt, Wien
33 Univ. Bibl. Freiburg, Geol. Arch., 22979, (23. Februar 1909)
34 Bildarchiv Staatsbibl. Preuß. Kulturbesitz, Berlin
35 ETH-Bibl. Zürich, HS 495 2267, Karte an Arnold Heim (22.8.1913)
36 Geol. Inst. Erlangen, Nachlaß B. v. Freyberg ARH 20
37 Univ. Arch. Halle, Rep. 29
38 Univ. bibl. Freiburg, Geol. Arch.

MIX
Papier aus verantwortungsvollen Quellen
Paper from responsible sources
FSC® C105338

If you have any concerns about our products,
you can contact us on
ProductSafety@springernature.com

In case Publisher is established outside the EU,
the EU authorized representative is:
**Springer Nature Customer Service Center GmbH
Europaplatz 3, 69115 Heidelberg, Germany**

Printed by Libri Plureos GmbH
in Hamburg, Germany